国家出版基金资助项目

现代数学中的著名定理纵横谈丛书

丛书主编　王梓坤

SUCCESS COHERENT THEORY AND JORDAN BLOCKS THEORY

成功连贯理论与Jordan块理论

谢彦麟　刘培杰　编著

哈爾濱工業大學出版社
HARBIN INSTITUTE OF TECHNOLOGY PRESS

内容简介

本书从一道比利时数学竞赛试题开始来介绍成功连贯理论. 全书共分 6 章及 2 个附录,并配有许多典型的例题.

本书适合大中学生参考阅读.

图书在版编目(CIP)数据

成功连贯理论与 Jordan 块理论/谢彦麟,刘培杰编著. —哈尔滨:哈尔滨工业大学出版社,2018.1
(现代数学中的著名定理纵横谈丛书)
ISBN 978-7-5603-6676-0

Ⅰ.①成… Ⅱ.①谢… ②刘… Ⅲ.①组合概率②约当代数 Ⅳ.①O211.2 ②O151.23

中国版本图书馆 CIP 数据核字(2017)第 136903 号

策划编辑 刘培杰 张永芹
责任编辑 张永芹 杜莹雪
封面设计 孙茵艾
出版发行 哈尔滨工业大学出版社
社　　址 哈尔滨市南岗区复华四道街 10 号 邮编 150006
传　　真 0451-86414749
网　　址 http://hitpress.hit.edu.cn
印　　刷 牡丹江邮电印务有限公司
开　　本 787mm×960mm 1/16 印张 11.5 字数 122 千字
版　　次 2018 年 1 月第 1 版 2018 年 1 月第 1 次印刷
书　　号 ISBN 978-7-5603-6676-0
定　　价 68.00 元

⊙代序

读书的乐趣

你最喜爱什么——书籍.

你经常去哪里——书店.

你最大的乐趣是什么——读书.

这是友人提出的问题和我的回答.真的,我这一辈子算是和书籍,特别是好书结下了不解之缘.有人说,读书要费那么大的劲,又发不了财,读它做什么?我却至今不悔,不仅不悔,反而情趣越来越浓.想当年,我也曾爱打球,也曾爱下棋,对操琴也有兴趣,还登台伴奏过.但后来却都一一断交,“终身不复鼓琴”.那原因便是怕花费时间,玩物丧志,误了我的大事——求学.这当然过激了一些.剩下来唯有读书一事,自幼至今,无日少废,谓之书痴也可,谓之书橱也可,管它呢,人各有志,不可相强.我的一生大志,便是教书,而当教师,不多读书是不行的.

读好书是一种乐趣,一种情操;一种向全世界古往今来的伟人和名人求教的方法，一种和他们展开讨论的方式；一封出席各种活动、体验各种生活、结识各种人物的邀请信；一张迈进科学宫殿和未知世界的入场券；一股改造自己、丰富自己的强大力量. 书籍是全人类有史以来共同创造的财富，是永不枯竭的智慧的源泉. 失意时读书，可以使人重整旗鼓；得意时读书，可以使人头脑清醒；疑难时读书，可以得到解答或启示；年轻人读书，可明奋进之道；年老人读书，能知健神之理. 浩浩乎！洋洋乎！如临大海，或波涛汹涌，或清风微拂，取之不尽，用之不竭. 吾于读书，无疑义矣，三日不读，则头脑麻木，心摇摇无主.

潜能需要激发

我和书籍结缘，开始于一次非常偶然的机会. 大概是八九岁吧，家里穷得揭不开锅，我每天从早到晚都要去田园里帮工. 一天，偶然从旧木柜阴湿的角落里，找到一本蜡光纸的小书，自然很破了. 屋内光线暗淡，又是黄昏时分，只好拿到大门外去看. 封面已经脱落，扉页上写的是《薛仁贵征东》. 管它呢，且往下看. 第一回的标题已忘记，只是那首开卷诗不知为什么至今仍记忆犹新：

日出遥遥一点红，飘飘四海影无踪.

三岁孩童千两价，保主跨海去征东.

第一句指山东，二、三两句分别点出薛仁贵(雪、人贵). 那时识字很少，半看半猜，居然引起了我极大的兴趣，同时也教我认识了许多生字. 这是我有生以来独立看的第一本书. 尝到甜头以后，我便千方百计去找书，向小朋友借，到亲友家找，居然断断续续看了《薛丁山征西》《彭公案》《二度梅》等，樊梨花便成了我心中的女英雄.我真入迷了.从此,放牛也罢,车水也罢,我总要带一本书,还练出了边走田间小路边读书的本领,读得津津有味,不知人间别有他事.

当我们安静下来回想往事时,往往会发现一些偶然的小事却影响了自己的一生.如果不是找到那本《薛仁贵征东》,我的好学心也许激发不起来.我这一生,也许会走另一条路.人的潜能,好比一座汽油库,星星之火,可以使它雷声隆隆、光照天地;但若少了这粒火星,它便会成为一潭死水,永归沉寂.

抄,总抄得起

好不容易上了中学,做完功课还有点时间,便常光顾图书馆.好书借了实在舍不得还,但买不到也买不起,便下决心动手抄书.抄,总抄得起.我抄过林语堂写的《高级英文法》,抄过英文的《英文典大全》,还抄过《孙子兵法》,这本书实在爱得狠了,竟一口气抄了两份.人们虽知抄书之苦,未知抄书之益,抄完毫末俱见,一览无余,胜读十遍.

始于精于一,返于精于博

关于康有为的教学法,他的弟子梁启超说:"康先生之教,专标专精、涉猎二条,无专精则不能成,无涉猎则不能通也."可见康有为强烈要求学生把专精和广博(即"涉猎")相结合.

在先后次序上,我认为要从精于一开始.首先应集中精力学好专业,并在专业的科研中做出成绩,然后逐步扩大领域,力求多方面的精.年轻时,我曾精读杜布(J. L. Doob)的《随机过程论》,哈尔莫斯(P. R. Halmos)的《测度论》等世界数学名著,使我终身受益.简言之,即"始于精于一,返于精于博".正如中国革命一样,必须先有一块根据地,站稳后再开创几块,最后连成一片.

丰富我文采,澡雪我精神

辛苦了一周,人相当疲劳了,每到星期六,我便到旧书店走走,这已成为生活中的一部分,多年如此.一次,偶然看到一套《纲鉴易知录》,编者之一便是选编《古文观止》的吴楚材.这部书提纲挈领地讲中国历史,上自盘古氏,直到明末,记事简明,文字古雅,又富于故事性,便把这部书从头到尾读了一遍.从此启发了我读史书的兴趣.

我爱读中国的古典小说,例如《三国演义》和《东周列国志》.我常对人说,这两部书简直是世界上政治阴谋诡计大全.即以近年来极时髦的人质问题(伊朗人质、劫机人质等),这些书中早就有了,秦始皇的父亲便是受害者,堪称"人质之父".

《庄子》超尘绝俗,不屑于名利.其中"秋水""解牛"诸篇,诚绝唱也.《论语》束身严谨,勇于面世,"己所不欲,勿施于人",有长者之风.司马迁的《报任少卿书》,读之我心两伤,既伤少卿,又伤司马;我不知道少卿是否收到这封信,希望有人做点研究.我也爱读鲁迅的杂文,果戈理、梅里美的小说.我非常敬重文天祥、秋瑾的人品,常记他们的诗句:"人生自古谁无死,留取丹心照汗青""休言女子非英物,夜夜龙泉壁上鸣".唐诗、宋词、《西厢记》《牡丹亭》,丰富我文采,澡雪我精神,其中精粹,实是人间神品.

读了邓拓的《燕山夜话》,既叹服其广博,也使我动了写《科学发现纵横谈》的心.不料这本小册子竟给我招来了上千封鼓励信.以后人们便写出了许许多多的“纵横谈”.

从学生时代起,我就喜读方法论方面的论著.我想,做什么事情都要讲究方法,追求效率、效果和效益,方法好能事半而功倍.我很留心一些著名科学家、文学家写的心得体会和经验.我曾惊讶为什么巴尔扎克在51年短短的一生中能写出上百本书,并从他的传记中去寻找答案.文史哲和科学的海洋无边无际,先哲们的明智之光沐浴着人们的心灵,我衷心感谢他们的恩惠.

读书的另一面

以上我谈了读书的好处,现在要回过头来说说事情的另一面.

读书要选择.世上有各种各样的书:有的不值一看,有的只值看20分钟,有的可看5年,有的可保存一辈子,有的将永远不朽.即使是不朽的超级名著,由于我们的精力与时间有限,也必须加以选择.决不要看坏书,对一般书,要学会速读.

读书要多思考.应该想想,作者说得对吗?完全吗?适合今天的情况吗?从书本中迅速获得效果的好办法是有的放矢地读书,带着问题去读,或偏重某一方面去读.这时我们的思维处于主动寻找的地位,就像猎人追找猎物一样主动,很快就能找到答案,或者发现书中的问题.

有的书浏览即止,有的要读出声来,有的要心头记住,有的要笔头记录.对重要的专业书或名著,要勤做笔记,“不动笔墨不读书”.动脑加动手,手脑并用,既可加深理解,又可避忘备查,特别是自己的灵感,更要及时抓住.清代章学诚在《文史通义》中说:“札记之功必不可少,如不札记,则无穷妙绪如雨珠落大海矣.”

许多大事业、大作品,都是长期积累和短期突击相结合的产物.涓涓不息,将成江河;无此涓涓,何来江河?

爱好读书是许多伟人的共同特性,不仅学者专家如此,一些大政治家、大军事家也如此.曹操、康熙、拿破仑、毛泽东都是手不释卷,嗜书如命的人.他们的巨大成就与毕生刻苦自学密切相关.

王梓坤

◎目录

从一道比利时数学竞赛试题谈起

第1章

在1981年比利时数学竞赛中有这样一道概率问题:

试题 两个赌徒A和B正在看一个小孩不停顿地掷一枚硬币. 如果硬币着地时正面朝天,则记为H;反面朝天,则记为T. 这样,在三次接连的抛掷中,一定是下列8种排列之一

TTT,TTH,THT,HTT

THH,HTH,HHT,HHH

赌徒A打赌说:在接连的抛掷中,THT一定比TTT先出现. 赌徒B却打赌说TTT要比THT先出现.

问:这两个赌徒中哪一个赢的可能性大些?

解　本题的答案是:赌徒 A 赢的可能性大. 具体说来是:赌徒 A 赢的概率是 0.6;而赌徒 B 赢的概率是 0.4;赌徒 A 与 B 两人不分胜负(即谁也不赢,谁也不输)的概率是 0.

我们用两种方法解之. 第一种解法要用到一些概率论的知识,而第二种解法要用到线性代数的知识.

解法 1　我们用 P(事件 Z) 表示发生事件 Z 的概率,在本题中,我们所讨论的事件就是小孩每次掷钱币后的结果是正、是反所组成的序列.(当能定出胜负时是有一个有限序列,而当始终未能定出胜负时是一个无限序列) 即在本题中,所有事件的集合(称为样本空间,或者论题) 就是每项或者是 H 或者是 T 所组成的有限或无限序列的全体. 那么出现怎样的事件时,就算赌徒 A 赢了呢? 那就是出现了 THT,但在以前始终没有出现过 TTT(当然也没有出现过 THT). 同样, 如果出现了 TTT,而以前始终没有出现过 THT(当然也没有出现过 TTT),那么就算赌徒 B 赢了. 例如在下列事件 TTHHTHT 中,A 就赢了. 因为小孩掷满三次以后,出现了 TTH;再掷第四次后,出现了 THH;…… 一直到小孩第七次掷币后, 才出现 THT, 而以前一直未出现过 TTT,同样在事件 HTHHHTTT 中,赌徒 B 赢了. 注意,可能出现一些事件,在这种事件下,赌徒 A 和 B 是决定不了胜负的,如出现事件

HTHHTH…

那么这就是一例.(始终循环出现 HTH)

现在我们记事件的集合

$X=\{$由 T 和 H 所组成的序列 | 先出现 THT,TTT 不出现或以后出现$\}$

这里我们用记号{|}表示一个集合，此集合中的元素所满足的条件由竖线"|"以后的内容加以说明. 这样赌徒 A 赢的概率即为

$$x = P(X)$$

我们把集合 X 中的事件分为两类，一类是 U，另一类是 V，即

$$U = \{X \text{ 中的元素，但第 1 项为 H}\}$$

$$V = \{X \text{ 中的元素，但第 1 项为 T}\}$$

再记

$$u = P(U), v = P(V)$$

因为

$$X = U \cup V$$

但

$$U \cap V = \varnothing$$ [1]

故

$$x = u + v \tag{1}$$

我们再把 U 中的元素分成两类：U_1 和 U_2，即

$$U_1 = \{X \text{ 中的元素，但形式为 HT}\cdots\}$$

$$U_2 = \{X \text{ 中的元素，但形式为 HH}\cdots\}$$

即我们把 U 中的元素再按第二次掷币后的结果加以分类. 同样，因为

$$U = U_1 \cup U_2, U_1 \cap U_2 = \varnothing$$

若记

$$u_1 = P(U_1), u_2 = P(U_2)$$

那么

$$u = u_1 + u_2 \tag{2}$$

因为在 U 中的元素第一项皆是 H，所以不管在第二、第

---

① $\varnothing$ 表示空集.

三项上出现什么，由第一、第二、第三这三项所组成的三元组一定不会是 THT 或者 TTT. 所以要判断一次事件是否属于 U，只要从第二项开始算计起，这样

$$U_1 = \{小孩第一次掷币出现 H\} \cap U'_1$$

其中

$$U'_1 = \{小孩第二次掷币出现 T，往后是 THT 比 TTT 先出现\}$$

$$U_2 = \{小孩第一次掷币出现 H\} \cap U'_2$$

其中

$$U'_2 = \{小孩第二次掷币出现 H，往后是 THT 比 TTT 先出现\}$$

注意 $$U'_1 = V, U'_2 = U$$

这是因为在 U'_1 和 V 中的序列只是在称呼上有些区别，而在实质内容上是一样的. 对 U'_2 和 U 亦是如此，因此若记

$$u'_1 = P(U'_1), u'_2 = P(U'_2)$$

那么

$$u'_1 = v, u'_2 = u$$

再因为小孩各次掷币是相互独立的，即事件｛小孩第一次掷币出现 H｝与事件 U'_1 是相互独立的. 因为对两个相互独立的事件，其交的概率为其分别两个事件的概率的乘积. 因此得到

$$P(U_1) = P(\{小孩第一次掷币出现 H\}) \cdot P(U'_1)$$

但因为

$$P(\{小孩第一次掷币出现 H\}) = \frac{1}{2}$$

所以

$$u_1 = \frac{1}{2} \cdot u'_1 = \frac{v}{2} \tag{3}$$

同理

$$u_2=\frac{1}{2}\cdot u'_2=\frac{u}{2} \tag{4}$$

这样结合(2),(3),(4)三式,得到

$$u=v \tag{5}$$

用完全类似的方法,对集合 v 进行分析,可以得到关于 u,v 的另一个关系式.具体说来是,因为 V 中的序列第一项都是T,所以不能再像前面那样,仅仅是按第二项出现T或H而对 V 中的序列分类,而是我们将 V 中的序列分成下列互不相容的四类

$V_1=\{X$ 中的元素,但形式为 THT…$\}$

$V_2=\{X$ 中的元素,但形式为 THH…$\}$

$V_3=\{X$ 中的元素,但形式为 TTHT…$\}$

$V_4=\{X$ 中的元素,但形式为 TTHH…$\}$

因为对 V 中的元素,绝对不会出现TTT…的形式,所以我们有

$$V=V_1UV_2UV_3V_4$$

若再记

$$U_i=P(V_i)\quad(i=1,2,3,4)$$

那么就有

$$U=U_1+U_2+U_3+U_4 \tag{6}$$

因为对 V_1 中的序列来说,开始的一、二、三项就出现了THT,所以从第四项以及往后各项来说就可以随便是H或T.所以再利用第一、第二、第三次掷币的随机独立性,便得

$$U_1=\frac{1}{2}\times\frac{1}{2}\times\frac{1}{2}=\frac{1}{8} \tag{7}$$

同理可得

$$U_3 = \frac{1}{2} \times \frac{1}{2} \times \frac{1}{2} \times \frac{1}{2} = \frac{1}{16} \quad (8)$$

而

V_2 = {小孩第一次掷币出现 T,但第二次掷币出现 H} ∩ V'_2

此处

V'_2 = {小孩第三次掷币出现 H,往后是 THT 比 TTT 先出现}

V_4 = {小孩第一次、第二次、第三次掷币分别出现 T,T,H} ∩ V'_4

此处

V'_4 = {小孩第四次掷币出现 H,往后是 THT 比 TTT 先出现}

同以前一样,我们有

$$V'_2 = U, V'_4 = U$$

再利用相互独立的随机事件其交的概率为其各概率之积,可得到

$$U_2 = \frac{1}{2} \cdot \frac{1}{2} \cdot u = \frac{u}{4} \quad (9)$$

$$U_4 = \frac{1}{2} \cdot \frac{1}{2} \cdot \frac{1}{2} \cdot u = \frac{u}{8} \quad (10)$$

这样综合(6),(7),(8),(9),(10) 五式,就得到

$$v - \frac{3u}{8} = \frac{3}{16} \quad (11)$$

这样联立(11) 和(5) 两式,就得到关于 u,v 的二元线性方程组

$$\begin{cases} v = u \\ v - \dfrac{3u}{8} = \dfrac{3}{16} \end{cases}$$

解之得

$$\begin{cases}u=0.3\\v=0.3\end{cases}\tag{12}$$

故从式(1)得

$$x=0.3+0.3=0.6\tag{13}$$

现在可按同样的方法求得事件的集合

$Y=\{$由 T 和 H 组成的序列 | 先出现 TTT,THT 不出现或以后出现$\}$

其概率

$$y=P(Y)$$

我们这里只扼要列出一些算式. 原理同上.

记

$S=\{Y$ 中的元素,但第 1 项为 H$\}$

$Q=\{Y$ 中的元素,但第 1 项为 T$\}$

$S_1=\{Y$ 中的元素,但形式为 HT…$\}$

$S_2=\{Y$ 中的元素,但形式为 HH…$\}$

$Q_1=\{Y$ 中的元素,但形式为 TTT…$\}$

$Q_2=\{Y$ 中的元素,但形式为 TTHH…$\}$

$Q_3=\{Y$ 中的元素,但形式为 THH…$\}$

再记

$$\begin{aligned}&s=P(S),q=P(Q)\\&s_i=P(S_i)\quad(i=1,2)\\&q_i=P(Q_i)\quad(i=1,2,3)\end{aligned}\tag{14}$$

则有

$$\begin{aligned}&y=s+q\\&s=s_1+s_2=\frac{q}{2}+\frac{s}{2}\\&q=q_1+q_2+q_3+q_4\end{aligned}\tag{15}$$

$$= \frac{1}{8} + \frac{s}{8} + \frac{s}{4} = \frac{1}{8} + \frac{3s}{8} \tag{16}$$

联立(15),(16)两式就得到关于 q,s 的二元线性方程组

$$\begin{cases} s = q \\ q = \dfrac{1}{8} + \dfrac{3s}{8} \end{cases}$$

解之得

$$\begin{cases} s = 0.2 \\ q = 0.2 \end{cases} \tag{17}$$

由式(15)即得

$$y = 0.2 + 0.2 = 0.4 \tag{18}$$

这样由式(13),(18)可知,若

$W = \{$由 T 和 H 组成的序列 | 其中不出现 THT 和 TTT$\}$

而

$$w = p(W)$$

那么

$$w = 1 - x - y = 1 - 0.6 - 0.4 = 0 \tag{19}$$

这样就证明了我们要得到的全部结论.

解法2 因为小孩每一次掷币只有2种可能:H或T,所以到掷了 k 次以后,可能的结局(即有 k 项的一个有限序列)总共有 2^k 种,而在这 2^k 种结局中,赌徒 A 赢的设为 σ_k 种,赌徒 B 赢的设为 τ_k 种. 这样

$$\alpha_k = \frac{\sigma_k}{2^k} \tag{20}$$

即为小孩掷币 k 次后,赌徒 A 赢的比例;同样

$$\beta_k = \frac{\tau_k}{2^k} \tag{21}$$

为赌徒 B 赢的比例,而我们所要求的,显然是

$$\alpha=\lim_{k\to\infty}\alpha_k=\lim_{k\to\infty}\frac{\sigma_k}{2^k} \tag{22}$$

$$\beta=\lim_{k\to\infty}\beta_k=\lim_{k\to\infty}\frac{\tau_k}{2^k} \tag{23}$$

为此我们先要求出σ_k和τ_k. 注意在小孩掷币k次后，赌徒A是赢的这种情况，不外乎是出现了以下这种情况：

第$k-2,k-1,k$次的掷币结果是分别T,H,T，而在$3\leqslant k'<k$时，第$k'-2,k'-1,k'$次的掷币结果不是TTT和THT，其中$3\leqslant k'\leqslant k$.

所以，如果我们把在掷币k次后，出现在第$k-2,k-1,k$次的结果分别是T,H,T，而在$3\leqslant k'<k$时，第$k'-2,k'-1,k'$次的掷币结果不是TTT和THT的这种k项有限序列的全体记为Ξ_k，而其个数记为ξ_k的话，那么显然有

$$\sigma_k=\xi_3\cdot 2^{k-3}+\xi_4\cdot 2^{k-4}+\cdots+\xi_{k-1}\cdot 2+\xi_k \tag{24}$$

从而

$$\alpha_k=\frac{\xi_3}{2^3}+\frac{\xi_4}{2^4}+\cdots+\frac{\xi_{k-1}}{2^{k-1}}+\frac{\xi_k}{2^k} \tag{25}$$

同样，如果我们把在掷币k次后，出现在第$k-2,k-1,k$次的结果分别是T,T,T，而在$3\leqslant k'<k$时，第$k'-2,k'-1,k'$次的掷币结果不是THT和TTT的这种k项有限序列的全体记为Ξ_k，而其个数记为η_k的话，那么显然有

$$\tau_k=\eta_3\cdot 2^{k-3}+\eta_4\cdot 2^{k-4}+\cdots+\eta_{k-1}\cdot 2+\eta_k \tag{26}$$

从而

$$\beta_k=\frac{\eta_3}{2^3}+\frac{\eta_4}{2^4}+\cdots+\frac{\eta_{k-1}}{2^{k-1}}+\frac{\eta_k}{2^k} \tag{27}$$

所以,问题就归结为求 ξ_k 和 η_k. 我们先求 ξ_k. 为此我们将 Ξ_k 分为四类:

Ξ_k 中第一、第二项是 HH 的序列,其全体记为 A_k,其个数记为 a_k;

Ξ_k 中第一、第二项是 TH 的序列,其全体记为 B_k,其个数记为 b_k;

Ξ_k 中第一、第二项是 HT 的序列,其全体记为 C_k,其个数记为 c_k;

Ξ_k 中第一、第二项是 TT 的序列,其全体记为 D_k,其个数记为 d_k.

则有

$$\xi_k = a_k + b_k + c_k + d_k \tag{28}$$

为求得 a_k, b_k, c_k, d_k 的具体表达式,我们要研究集合 Ξ_k 与集合 Ξ_{k+1} 之间的关系. 因为在 Ξ_{k+1} 中的序列,如果拿去第一项后一定是 Ξ_k 中的序列,所以 Ξ_{k+1} 中的序列一定可以通过在 Ξ_k 中的序列再在其左端加上 T 或 H(至于如何加法,以下就会详细研究)来得到. 具体说来是:A_k 中的序列左端加上 H 后,就成为 A_{k+1} 中的序列,左端加上 T 后,就成为 B_{k+1} 中的序列;B_k 中的序列左端加上 H 后,就成为 C_{k+1} 中的序列,左端加上 T 后,就成为 D_{k+1} 中的序列;C_k 中的序列左端加上 H 后,就成为 A_{k+1} 中的序列(对 C_k 中的序列左端不能加上 T 而成为 Ξ_{k+1} 中的序列);D_k 中的序列左端加上 H 后,就成为 C_{k+1} 中的序列(对 D_k 中的序列左端不能加上 T 而成为 Ξ_{k+1} 中的序列).

以上的递归构造算法在表 1 中可以更直观地看到.

此外从表 1 中可看出:由 A_k 生成的 A_{k+1} 中的序列

表 1　由 Ξ_k 生成 Ξ_{k+1} 的递归算法

加上去的第一项	Ξ_k 中的序列	合成的结果
H	HH…THT $\in A_k$	HHH…THT $\in A_{k+1}$
T	HH…THT $\in A_k$	THH…THT $\in B_{k+1}$
H	TH…THT $\in B_k$	HTH…THT $\in C_{k+1}$
T	TH…THT $\in B_k$	TTH…THT $\in D_{k+1}$
H	HT…THT $\in C_k$	HHT…THT $\in A_{k+1}$
T	HT…THT $\in C_k$	不属于 Ξ_{k+1}
H	TT…THT $\in D_k$	HTT…THT $\in C_{k+1}$
T	TT…THT $\in D_k$	不属于 Ξ_{k+1}

和由 C_k 生成的 A_{k+1} 中的序列是彼此不同的；由 B_k 生成的 C_{k+1} 中的序列和由 D_k 生成的 C_{k+1} 中的序列也是彼此不同的. 从以上算法中我们得到 $a_{k+1},b_{k+1},c_{k+1},d_{k+1}$ 与 a_k,b_k,c_k,d_k 之间的递推关系

$$\begin{cases}a_{k+1}=a_k+c_k\\ b_{k+1}=a_k\\ c_{k+1}=b_k+d_k\\ d_{k+1}=b_k\end{cases}\quad (k\geqslant 3) \tag{29}$$

此外因 Ξ_3 中仅一序列：THT，所以有

$$a_3=0,b_3=1,c_3=0,d_3=0 \tag{30}$$

如果采用矩阵的记法，而我们令

$$\boldsymbol{F}_k=\begin{pmatrix}a_k\\ b_k\\ c_k\\ d_k\end{pmatrix},\boldsymbol{J}=\begin{pmatrix}1&0&1&0\\1&0&0&0\\0&1&0&1\\0&1&0&0\end{pmatrix}$$

那么由式(28)，(29)和(30)，得到

$$\boldsymbol{F}_{k+1}=\boldsymbol{J}\boldsymbol{F}_{k}\quad(k\geqslant 3)\tag{31}$$

$$\boldsymbol{F}_{3}=\begin{pmatrix}0\\1\\0\\0\end{pmatrix}\tag{32}$$

$$\xi_{k}=(1,1,1,1)\boldsymbol{F}_{k}\tag{33}$$

这样累次运用式(31),便可得到在 $k\geqslant 3$ 时

$$\boldsymbol{F}_{k}=\boldsymbol{J}\boldsymbol{F}_{k-1}=\boldsymbol{J}^{2}\boldsymbol{F}_{k-2}=\cdots=\boldsymbol{J}^{k-3}\boldsymbol{F}_{3}$$

即

$$\boldsymbol{F}_{k}=\boldsymbol{J}^{k-3}\boldsymbol{F}_{3}\quad(k\geqslant 3)\tag{34}$$

从而

$$\xi_{k}=(1,1,1,1)\boldsymbol{J}^{k-3}\boldsymbol{F}_{3}\quad(k\geqslant 3)\tag{35}$$

所以为了求 ξ_k,只要求 $\boldsymbol{J}^{k-3}$.

而对于 $\boldsymbol{\eta}_k$ 如何呢? 我们也将 Ξ_k 中的序列分为四类:

Ξ_k 中第一、第二项是 HH 的序列,其全体记为 A'_k,其个数记为 a'_k;

Ξ_k 中第一、第二项是 TH 的序列,其全体记为 B'_k,其个数记为 b'_k;

Ξ_k 中第一、第二项是 HT 的序列,其全体记为 C'_k,其个数记为 c'_k;

Ξ_k 中第一、第二项是 TT 的序列,其全体记为 D'_k,其个数记为 d'_k.

这样就有

$$\boldsymbol{\eta}_{k}=a'_{k}+b'_{k}+c'_{k}+d'_{k}\tag{36}$$

为求得 a'_k,b'_k,c'_k,d'_k 的具体表达式,我们要研究集合 Ξ_k 与集合 Ξ_{k+1} 之间的关系. 同样,在 Ξ_{k+1} 中的序列,如果拿去第一项后一定是 Ξ_k 中序列,所以 Ξ_{k+1} 中的

序列一定可以通过在 $\varXi_k$ 中的序列再在其左端加上 T 或 H(具体加法,在下面有详细研究)来得到. 具体说来是:A'_k 中的序列左端加上 H 后,就成为 A'_{k+1} 中的序列,左端加上 T 后,就成为 B'_{k+1} 中的序列;B'_k 中的序列左端加上 H 后,就成为 C'_{k+1} 中的序列,左端加上 T 后则成为 D'_{k+1} 中的序列;C'_k 中的序列左端加上 H 后,就成为 A'_{k+1} 中的序列(对 C'_k 中的序列左端不能加上 T 而成为 $\varXi_{k+1}$ 中的序列);D'_k 中的序列左端加上 H 后,就成为 C'_{k+1} 中的序列(对 D'_k 中的序列左端不能加上 T 而成为 $\varXi_{k+1}$ 中的序列).

以上的递归构造算法在表 2 中可以更直观地看到.

此外从表 2 中可看出:由 A'_k 生成的 A'_{k+1} 中的序列和以 C'_k 生成的 A'_{k+1} 中的序列是彼此不同的;由 B'_k 生成的 C'_{k+1} 中的序列和由 D'_k 生成的 C'_{k+1} 中的序列也是彼此不同的. 从以上算法中我们也得到了 a'_{k+1}, b'_{k+1}, c'_{k+1}, d'_{k+1} 与 a'_k, b'_k, c'_k, d'_k 之间的递推关系

表 2　由 $\varXi_k$ 生成 $\varXi_{k+1}$ 的递归算法

加上去的第一项	$\varXi_k$ 中的序列	合成的结果
H	HH…TTT $\in A'_k$	HHH…TTT $\in A'_{k+1}$
T	HH…TTT $\in A'_k$	THH…TTT $\in B'_{k+1}$
H	TH…TTT $\in B'_k$	HTH…TTT $\in C'_{k+1}$
T	TH…TTT $\in B'_k$	TTH…TTT $\in D'_{k+1}$
H	HT…TTT $\in C'_k$	HHT…TTT $\in A'_{k+1}$
T	HT…TTT $\in C'_k$	不属于 $\varXi_{k+1}$
H	TT…TTT $\in D'_k$	HTT…TTT $\in C'_{k+1}$
T	TT…TTT $\in D'_k$	不属于 $\varXi_{k+1}$

$$\begin{cases} a'_{k+1} = a'_k + c'_k \\ b'_{k+1} = a'_k \\ c'_{k+1} = b'_k + d'_k \\ d'_{k+1} = b'_k \end{cases} \quad (k \geqslant 3) \tag{37}$$

此外因 Ξ_3 中仅有一序列:TTT,所以有

$$a'_3 = 0, b'_3 = 0, c'_3 = 0, d'_3 = 1 \tag{38}$$

如果采用矩阵的记法,而我们令

$$\boldsymbol{G}_k = \begin{pmatrix} a'_k \\ b'_k \\ c'_k \\ d'_k \end{pmatrix}$$

那么由式(36),(37)和(38),得到

$$\boldsymbol{G}_{k+1} = \boldsymbol{J}\boldsymbol{G}_k \quad (k \geqslant 3) \tag{39}$$

$$\boldsymbol{G}_3 = \begin{pmatrix} 0 \\ 0 \\ 0 \\ 1 \end{pmatrix} \tag{40}$$

$$\eta_k = (1,1,1,1)\boldsymbol{G}_k \tag{41}$$

这样就有

$$\boldsymbol{G}_k = \boldsymbol{J}^{k-3}\boldsymbol{G}_3 \quad (k \geqslant 3) \tag{42}$$

从而

$$\eta_k = (1,1,1,1)\boldsymbol{J}^{k-3}\boldsymbol{G}_3 \quad (k \geqslant 3) \tag{43}$$

往下我们为求出 $\boldsymbol{J}^{k-3}$ 而首先求出 $\boldsymbol{J}$ 的约当(Jordan)分解式,为此先要求出 $\boldsymbol{J}$ 的特征值,即求代数方程

$$|\boldsymbol{J} - \lambda \boldsymbol{I}| = \lambda^4 - \lambda^3 - \lambda - 1 = 0 \tag{44}$$

的根,方程式(44)即为

$$(\lambda^2 + 1)(\lambda^2 - \lambda - 1) = 0 \tag{45}$$

所以此方程有四个单根

$$\lambda_1=\mathrm{i},\lambda_2=-\mathrm{i}$$
$$\lambda_3=\frac{1+\sqrt{5}}{2},\lambda_4=\frac{1-\sqrt{5}}{2} \tag{46}$$

对于每一个特征值 λ_i，$1\leqslant i\leqslant 4$，再分别求其特征向量

$$\begin{pmatrix}t_1\\t_2\\t_3\\t_4\end{pmatrix}$$

即如有

$$\boldsymbol{J}\begin{pmatrix}t_1\\t_2\\t_3\\t_4\end{pmatrix}=\begin{pmatrix}1&0&1&0\\1&0&0&0\\0&1&0&1\\0&1&0&0\end{pmatrix}\begin{pmatrix}t_1\\t_2\\t_3\\t_4\end{pmatrix}=\lambda\begin{pmatrix}t_1\\t_2\\t_3\\t_4\end{pmatrix}$$

亦即

$$\begin{cases}t_1+t_3=\lambda t_1\\t_1=\lambda t_2\\t_2+t_4=\lambda t_3\\t_2=\lambda t_4\end{cases}$$

若令

$$t_4=1$$

那么

$$\begin{cases}t_1=\lambda^2\\t_2=\lambda\\t_3=(\lambda-1)\lambda^2\end{cases}$$

所以可知：若 λ 是特征值，则

$$\begin{pmatrix} \lambda^2 \\ \lambda \\ (\lambda - 1)\lambda^2 \\ 1 \end{pmatrix} \tag{47}$$

是与此特征值相对应的一个特征向量，今用 $\lambda = \lambda_1$，λ_2，λ_3，λ_4 分别代入式(47)，就得到相应于每一个特征值 λ_i 的一个特征向量，将这些向量自左向右排列成一个 4×4 的矩阵 $\boldsymbol{L}$，即

$$\boldsymbol{L} = \begin{pmatrix} -1 & -1 & \frac{3+\sqrt{5}}{2} & \frac{3-\sqrt{5}}{2} \\ \mathrm{i} & -\mathrm{i} & \frac{1+\sqrt{5}}{2} & \frac{1-\sqrt{5}}{2} \\ 1-\mathrm{i} & 1+\mathrm{i} & \frac{1+\sqrt{5}}{2} & \frac{1-\sqrt{5}}{2} \\ 1 & 1 & 1 & 1 \end{pmatrix} \tag{48}$$

因为

$$\boldsymbol{JL} = \boldsymbol{L}\begin{pmatrix} \lambda_1 & & & \boldsymbol{0} \\ & \lambda_2 & & \\ & & \lambda_3 & \\ \boldsymbol{0} & & & \lambda_4 \end{pmatrix}$$

因此

$$\boldsymbol{J} = \boldsymbol{L}\begin{pmatrix} \lambda_1 & & & \boldsymbol{0} \\ & \lambda_2 & & \\ & & \lambda_3 & \\ \boldsymbol{0} & & & \lambda_4 \end{pmatrix}\boldsymbol{L}^{-1} \tag{49}$$

其中 $\boldsymbol{L}^{-1}$ 为 $\boldsymbol{L}$ 的逆阵，我们可以 $\boldsymbol{L}_1$ 直接求得

$$\boldsymbol{L}^{-1}=\begin{pmatrix}\frac{-2+\mathrm{i}}{10} & \frac{1-3\mathrm{i}}{10} & \frac{1+2\mathrm{i}}{10} & \frac{2-\mathrm{i}}{10}\\ \frac{-2-\mathrm{i}}{10} & \frac{1+3\mathrm{i}}{10} & \frac{1-2\mathrm{i}}{10} & \frac{2+\mathrm{i}}{10}\\ \frac{1}{5} & \frac{-1+\sqrt{5}}{10} & \frac{-1+\sqrt{5}}{10} & \frac{3-\sqrt{5}}{10}\\ \frac{1}{5} & \frac{-1-\sqrt{5}}{10} & \frac{-1-\sqrt{5}}{10} & \frac{3+\sqrt{5}}{10}\end{pmatrix}$$

表达式(49) 称为 $\boldsymbol{J}$ 的约当分解式,利用这个分解式,将它代入 $\boldsymbol{J}^{k-3}$,就有

$$\boldsymbol{J}^{k-3}=\boldsymbol{L}\begin{pmatrix}\lambda_1^{k-3} & & & \boldsymbol{0}\\ & \lambda_2^{k-3} & & \\ & & \lambda_3^{k-3} & \\ \boldsymbol{0} & & & \lambda_4^{k-3}\end{pmatrix}\boldsymbol{L}^{-1}$$

因此在 $k\geqslant 3$ 时,有

$$\xi_k=(1,1,1,1)\boldsymbol{L}\begin{pmatrix}\lambda_1^{k-3} & & & \boldsymbol{0}\\ & \lambda_2^{k-3} & & \\ & & \lambda_3^{k-3} & \\ \boldsymbol{0} & & & \lambda_4^{k-3}\end{pmatrix}\boldsymbol{L}^{-1}\begin{pmatrix}0\\1\\0\\0\end{pmatrix}$$

$$=\mathrm{i}^{k-3}\left(\frac{1-3\mathrm{i}}{10}\right)+(-\mathrm{i})^{k-3}\left(\frac{1+3\mathrm{i}}{10}\right)+$$

$$\left(\frac{7+3\sqrt{5}}{2}\right)\left(\frac{-1+\sqrt{5}}{10}\right)\left(\frac{1+\sqrt{5}}{2}\right)^{k-3}+$$

$$\left(\frac{7-3\sqrt{5}}{2}\right)\left(\frac{-1-\sqrt{5}}{10}\right)\left(\frac{1-\sqrt{5}}{2}\right)^{k-3}$$

经整理后,即得

$$\xi_k = \frac{2}{5}\left[\left(\frac{1+\sqrt{5}}{2}\right)^{k-3} + \left(\frac{1-\sqrt{5}}{2}\right)^{k-3}\right] + \frac{1}{\sqrt{5}}\left[\left(\frac{1+\sqrt{5}}{2}\right)^{k-3} - \left(\frac{1-\sqrt{5}}{2}\right)^{k-3}\right] + \begin{cases}\frac{1}{5}(-1)^{\frac{k+1}{2}}, k \text{ 为奇数} \\ \frac{3}{5}(-1)^{\frac{k}{2}}, k \text{ 为偶数}\end{cases} \quad (k \geqslant 3) \tag{50}$$

同样在 $k \geqslant 3$ 时，也有

$$\eta_k = (1,1,1,1)\boldsymbol{L}\begin{pmatrix}\lambda_1^{k-3} & & & \mathbf{0} \\ & \lambda_2^{k-3} & & \\ & & \lambda_3^{k-3} & \\ \mathbf{0} & & & \lambda_4^{k-3}\end{pmatrix}\boldsymbol{L}^{-1}\begin{pmatrix}0\\0\\0\\1\end{pmatrix}$$

$$= \mathrm{i}^{k-3}\left(\frac{2-\mathrm{i}}{10}\right) + (-\mathrm{i})^{k-3}\left(\frac{2+\mathrm{i}}{10}\right) + \left(\frac{7+3\sqrt{5}}{2}\right)\left(\frac{3-\sqrt{5}}{10}\right)\left(\frac{1+\sqrt{5}}{2}\right)^{k-3} + \left(\frac{7-3\sqrt{5}}{2}\right)\left(\frac{3+\sqrt{5}}{10}\right)\left(\frac{1-\sqrt{5}}{2}\right)^{k-3}$$

经整理后，即得

$$\eta_k = \frac{3}{10}\left[\left(\frac{1+\sqrt{5}}{2}\right)^{k-3} + \left(\frac{1-\sqrt{5}}{2}\right)^{k-3}\right] + \frac{1}{2\sqrt{5}}\left[\left(\frac{1+\sqrt{5}}{2}\right)^{k-3} - \left(\frac{1-\sqrt{5}}{2}\right)^{k-3}\right] + \begin{cases}\frac{2}{5}(-1)^{\frac{k+1}{2}}, k \text{ 为奇数} \\ \frac{1}{5}(-1)^{\frac{k}{2}}, k \text{ 为偶数}\end{cases} \quad (k \geqslant 3) \tag{51}$$

因此

$$\begin{aligned}\alpha &= \sum_{k=3}^{\infty}\frac{\xi_k}{2^k}\\ &=\left(\frac{2}{5}+\frac{1}{\sqrt{5}}\right)\frac{1}{2^3}\sum_{k=0}^{\infty}\left(\frac{1+\sqrt{5}}{4}\right)^k+\\ &\quad\left(\frac{2}{5}-\frac{1}{\sqrt{5}}\right)\frac{1}{2^3}\sum_{k=0}^{\infty}\left(\frac{1-\sqrt{5}}{4}\right)^k+\\ &\quad\frac{1}{5}\times\frac{1}{2^3}\sum_{k=0}^{\infty}\frac{(-1)^k}{2^{2k}}+\frac{3}{5}\times\frac{1}{2^4}\sum_{k=0}^{\infty}\frac{(-1)^k}{2^{2k}}\\ &=\frac{11+5\sqrt{5}}{40}+\frac{11-5\sqrt{5}}{40}+\frac{1}{50}+\frac{3}{100}=0.6\end{aligned}$$

$$\begin{aligned}\beta &= \sum_{k=3}^{\infty}\frac{\eta_k}{2^k}\\ &=\frac{7+3\sqrt{5}}{40}+\frac{7-3\sqrt{5}}{40}+\frac{1}{25}+\frac{1}{100}=0.4\end{aligned}$$

这就完全得到了我们的结论.

下面再举一个大学生数学竞赛的例子.

设 $\boldsymbol{A}$ 为 $n\times n$ 实方阵,试找出 $\lim\limits_{k\to\infty}A^k$ 存在的充要条件.(第二届全国大学生数学夏令营数学竞赛第二试第六题)

解　注意到方阵 $\boldsymbol{A}$ 是实方阵或是复方阵是无关紧要的,而我们必须用Jordan标准型.所以我们可以不限 $\boldsymbol{A}$ 是否为实方阵.

记 $\boldsymbol{A}$ 的 Jordan 标准型为

$$\boldsymbol{J}=\operatorname{diag}(\boldsymbol{J}_1,\cdots,\boldsymbol{J}_s)$$

其中

$$J_i=\begin{pmatrix}\lambda_i & 1 & & \\ & \ddots & \ddots & \\ & & \ddots & 1\\ & & & \lambda_i\end{pmatrix}=\lambda_i I_i^{(e_i)}+N_i^{(e_i)}$$

为 $e_i\times e_i$ Jordan 块，其中 λ_i 为 A 的本征根，I_i 为 e_i 阶单位方阵，N_i 为 e_i 阶幂零方阵

$$N_i=\begin{pmatrix}0 & 1 & & \\ & \ddots & \ddots & \\ & & \ddots & 1\\ & & & 0\end{pmatrix}$$

于是存在 $n\times n$ 非异方阵 P，使得

$$A=PJP^{-1}$$

今

$$\begin{aligned}A^k&=(PJP^{-1})^k=PJ^kP^{-1}\\&=P(\mathrm{diag}(J_1,\cdots,J_s))^kP^{-1}\\&=P\mathrm{diag}(J_1^k,\cdots,J_s^k)P^{-1}\end{aligned}$$

其中

$$J_i^k=(\lambda_iI_i+N_i)^k=\sum_{l=0}^{k}\binom{k}{l}\lambda_i^{k-l}N_i^l$$

注意到 P 与 k 无关，所以

$$\lim_{k\to\infty}A^k=\lim_{k\to\infty}(PJP^{-1})^k=P(\lim_{k\to\infty}J^k)P^{-1}$$

而

$$\lim_{k\to\infty}J^k=\mathrm{diag}(\lim_{k\to\infty}J_1^k,\cdots,\lim_{k\to\infty}J_s^k)$$

因此问题化为求何时 $\lim\limits_{k\to\infty}AJ_i^k$ 存在；若存在，极限是什么？

今

$$J_i^k=(\lambda_iI_i+N_i)^k$$

$$= \sum_{l=0}^{k} \binom{k}{l} \lambda_i^{k-l} \boldsymbol{N}_i^l$$

$$= \sum_{l=0}^{k} \frac{1}{l!} \left[\frac{\mathrm{d}^l}{\mathrm{d}\lambda_i^l} (\lambda_i^k) \right] \boldsymbol{N}_i^l$$

1. 设 $e_i = 1$，于是

$$\boldsymbol{J}_i^k = \boldsymbol{\lambda}_i^k$$

因此当 $|\lambda_i| < 1$ 时，$\boldsymbol{J}_i^k$ 之极限为零；当 $\lambda_i = 1$ 时，$\boldsymbol{J}_j^k$ 之极限为1；其余情形，极限不存在.

2. 设 $e_i > 1$，于是

$$\boldsymbol{J}_i^k = \begin{pmatrix} \lambda_i^k & k\lambda_i^{k-1} & \cdots & * \\ & \ddots & \ddots & \vdots \\ & & \ddots & k\lambda_i^{k-1} \\ & & & \lambda_i^k \end{pmatrix}$$

$\boldsymbol{J}_i^k$ 中元素形如

$$\frac{1}{l!} \left(\frac{\mathrm{d}^l}{\mathrm{d}\lambda_i^l} \lambda_i^k \right) \boldsymbol{N}_i^l = \frac{k(k-1)\cdots(k-l+1)}{l!} \lambda_i^{k-l} \boldsymbol{N}_i^l$$

今 $0 \leqslant l \leqslant e_i$. 取定 l，则

$$|k(k-1)\cdots(k-l+1)| \leqslant k^l$$

因此当 $0 < |\lambda_i| < 1$ 时，由 $k^l |\lambda_i|^k \to 0$ 可知 $\lim\limits_{k\to\infty} \boldsymbol{J}_0^k = 0$.

3. 设 $e_i > 1$，$\lambda_i = 1$，则由 $k\lambda_i^{k-1} \to +\infty$ 可知 $\boldsymbol{J}_i^k$ 之极限不存在.

4. 当 $|\lambda_i| > 1$ 或 $|\lambda_i| = 1$，$\lambda_i \neq 1$，λ_i^k 之极限不存在，所以 $\boldsymbol{J}_i^k$ 之极限也不存在.

至此我们证明了对 $n \times n$ 实方阵 $\boldsymbol{A}$，$\boldsymbol{A}^k$ 之极限（当 $k \to \infty$）存在之充要条件为：记 $\boldsymbol{A}$ 的不同本征根为 $\lambda_1, \cdots, \lambda_s$：

(i) $|\lambda_1|<1,\cdots,|\lambda_s|<1$,

(ii) $|\lambda_2|<1,\cdots,|\lambda_s|<1,\lambda_1=1$ 且对应本征根为 1 之初等因子都是 1 次的.

说明 实际上,我们可以求出其极限值:

1. 当 $\boldsymbol{A}$ 的所有本征根之模小于 1,则极限为零方阵;

2. 若 $\boldsymbol{A}$ 有本征根 1,其初等因子都是 1 次的,而其他本征根之模都小于 1. 记 $\boldsymbol{A}$ 的 Jordan 标准型为

$$\boldsymbol{J}=\mathrm{diag}(\boldsymbol{J}_1,\cdots,\boldsymbol{J}_t,1,\cdots,1)$$

其中 $\boldsymbol{J}_1,\cdots,\boldsymbol{J}_t$ 对应的本征根 $\lambda_1,\cdots,\lambda_t$ 都在单位圆中,则

$$\boldsymbol{J}^k\to\mathrm{diag}(0,\cdots,0,1,\cdots,1)=\begin{pmatrix}0^{(r)} & 0\\ 0 & \boldsymbol{I}\end{pmatrix}$$

由于存在 n 阶非异方阵 $\boldsymbol{P}$ 使得

$$\boldsymbol{A}=\boldsymbol{PJP}^{-1}$$

于是

$$\lim_{k\to\infty}\boldsymbol{A}^k=\boldsymbol{P}\begin{pmatrix}0 & 0\\ 0 & \boldsymbol{I}\end{pmatrix}\boldsymbol{P}^{-1}$$

试题的概率背景

第2章

2.1 定　义

我们考虑可能结果为 $E_j(j=1,2,\cdots)$ 的一列重复试验. 并不要求这些实验是相互独立的(因而可以应用于马尔科夫链). 和往常一样, 我们假定在原则上试验可以无限地继续下去, 而且概率 $P\{E_{j_1},E_{j_2},\cdots,E_{j_n}\}$ 也能够相容地对所有的有限序列给予定义. 设 ε 是有限序列的一个属性; 即我们假定对于每个有限序列 $(E_{j_1},E_{j_2},\cdots,E_{j_n})$, 可以唯一地确定它是否具有这个属性 ε. 我们约定, 语句"ε 在(有限或无限)序列 $E_{j_1},E_{j_2},\cdots$ 中的第 n 个位置处出现" 是子序列"$E_{j_1},E_{j_2},\cdots,E_{j_n}$ 具有性质 ε" 的一种简略的说法. 根据这个约定,ε 在第 n 次试验出现仅仅依赖于前 n 次试验的结果. 这就容易明白,当我们说到一个"循环事件 ε"的时候,实际上我们所指的是一类由 ε 的出现这一性质所定义的事件. 所以很清楚,ε 本身与其说是一个事件,倒不如说它是描述某种性质的一个术语. 此处我们用语不够确切,但这种情况通常是被允许的;例如,我们常说"一个二维问题",而大家知道,问题本身是没有维度的.

定义 1 属性 ε 定义一个循环事件,如果:

(a) 为使 ε 在序列$(E_{j_1},E_{j_2},\cdots,E_{j_{n+m}})$的第 n 个与第 $n+m$ 个位置处出现,其充分必要条件是 ε 在两个子序列$(E_{j_1},E_{j_2},\cdots,E_{j_n})$和$(E_{j_{n+1}},E_{j_{n+2}},\cdots,E_{j_{n+m}})$的最后出现.

(b) 在这种情况下,我们有

$$P\{E_{j_1},\cdots,E_{j_{n+m}}\}=P\{E_{j_1},\cdots,E_{j_n}\}P\{E_{j_{n+1}},\cdots,E_{j_{n+m}}\}$$

ε 在序列$(E_{j_1},E_{j_2},\cdots)$中的第 n 个位置处第一次出现之类的说法的意义是很显然的,此处不再赘述. 又显然对于每个循环事件都可以定义如下两个数列

$$\begin{aligned} u_n &= P\{\varepsilon \text{ 在第 } n \text{ 次试验出现}\} \\ f_n &= P\{\varepsilon \text{ 在第 } n \text{ 次试验第一次出现}\} \end{aligned} \tag{1}$$

为方便起见,我们令

$$f_0=0,u_0=1 \tag{2}$$

并引进母函数

$$F(s)=\sum_{k=1}^{\infty}f_ks^k,U(s)=\sum_{k=0}^{\infty}u_ks^k \tag{3}$$

注意,$\{u_k\}$ 并不是概率分布;事实上,在某些典型情况,我们有 $\sum u_k=\infty$. 然而,由于事件"ε 在第 n 次试验第一次出现"是互不相容的,故有

$$f=\sum_{n=1}^{\infty}f_n\leqslant 1 \tag{4}$$

显然,$1-f$ 可以解释为在无限延长的试验序列中 ε 不出现的概率. 如果 $f=1$,则我们可以引入具有如下分布的随机变量 T

$$P\{T=n\}=f_n \tag{5}$$

当 $f<1$ 时,我们仍然使用式(5)中的记号. 在这种情况,T 是一个非真正的(或有欠缺的)随机变量,它以概率 $1-f$ 不取任何数值.(当然我们也可以规定此时 T 取值 ∞,显然,对于这种情况并不需要新的规则.)

ε 的等待时间,即一直到第一次出现 ε 的试验次数(包括使得 ε 出现的这次试验在内),是一个具有分布(5)的随机变量;不过这个随机变量实际上仅仅在无穷序列$(E_{j_1},E_{j_2},\cdots)$的空间中才有定义.

根据循环事件的定义,ε 在第 k 次试验第一次出现且在第 n 次试验第二次出现这一事件的概率等于 $f_k\cdot f_{n-k}$. 所以 ε 在第 n 次试验第二次出现的概率等于

$$f_n^{(2)}=f_1f_{n-1}+f_2f_{n-2}+\cdots+f_{n-1}f_1 \tag{6}$$

上式右边是 $\{f_n\}$ 的自褶积,故 $\{f_n^{(2)}\}$ 表示两个独立随机变量之和的分布,其中每个变量具有分布(5). 更一般地,如果 $f_n^{(r)}$ 是 ε 在第 n 次试验中第 r 次出现的概率,则我们有

$$f_n^{(r)}=f_1f_{n-1}^{(r-1)}+f_2f_{n-2}^{(r-1)}+\cdots+f_{n-1}f_1^{(r-1)} \tag{7}$$

这个简单的事实可以归纳在下面的定理之中.

定理　设 $f_n^{(r)}$ 表示 ε 在第 n 次试验中第 r 次出现的概率,则 $\{f_n^{(r)}\}$ 是 r 个独立随机变量 $T_1,\cdots,T_r$ 之和

$$T^{(r)}=T_1+T_2+\cdots+T_r \tag{8}$$

的概率分布,其中每个变量都具有分布(5). 换句话

说,对于固定的 r,序列 $\{f_n^{(r)}\}$ 有母函数 $F^r(s)$.

特别是,由此可得

$$\sum_{n=1}^{\infty} f_n^{(r)} = F^r(1) = f^r \tag{9}$$

即 ε 迟早出现 r 次的概率等于 f^r(其实这个结论是可以预料到的). 现在我们引入下面的定义.

定义 2 如果 $f = 1$,则循环事件 ε 称为常返的;如果 $f < 1$,则 ε 称为非常返的.

对于非常返的 ε,它出现 r 次以上的概率趋向于 0;而对于常返的 ε,这个概率恒等于 1. 这一事实也可用如下的话来描述:常返的 ε 出现无穷多次,而非常返的 ε 仅能出现有限次的概率为 1.(这个陈述不仅是一种描述,而且在无限序列 $E_{j_1}, E_{j_2}, \cdots$ 的样本空间来解释时,这是一个正式的定理)

我们还需要一个定义. 在伯努利试验中返回原点仅能在偶数次试验中出现. 此时 $f_{2n+1} = u_{2n+1} = 0$,故母函数 $F(s)$ 与 $U(s)$ 与其说是 s 的幂级数,倒不如说是 s^2 的幂级数.

定义 3 如果存在整数 $\lambda > 1$ 使得循环事件仅能在第 $\lambda, 2\lambda, 3\lambda, \cdots$ 次试验中出现(即当 n 不能被 λ 整除时,$u_n = 0$),则称 ε 为周期的. 具有上述性质的 λ 中的最大者称为 ε 的周期.

最后我们注意,在无限序列 $E_{j_1}, E_{j_2}, \cdots$ 的样本空间中 ε 的第 $r-1$ 次与第 r 次出现之间的试验数是一个确定的随机变量(可能是一个有欠缺的随机变量),它具有 T_r 的概率分布. 换句话说,我们的变量 T_r 实际上是代表 ε 接连两次出现之间的等待时间. 为了不涉及超出本书范围的非离散样本空间,我们曾用分析方法

给出过 T_r 的定义,但我们希望,这不至掩盖直观质朴的概率背景. 利用循环事件的概念可将一类比较一般的随机变量划归为独立随机变量之和. 反之,任一概率分布 $\{f_n\}$, $n=1,2,\cdots$ 可以用来定义一个循环事件. 我们用下面的例子来证明这一论断.

例　考虑一个电灯泡、一段保险丝或另外任一种寿命有限的零件. 当第一个用坏了时,第二个同种新零件就立刻被换上,第二个用坏了时,第三个又换上去,等等. 我们假定零件的寿命是仅取某一单位时间(一年、一天或一秒)的整倍数的随机变量. 于是每一时间单位代表一次试验,其可能结果为"更换"或"不更换". 可以把接连的更换看作循环事件. 如果 f_n 为一个新零件恰好能用 n 个时间单位的概率,则 $\{f_n\}$ 为循环时间的分布. 如果零件的寿命必然是有限的,则 $\sum f_n = 1$,此时循环事件是常返的. 通常,事先能够肯定零件的寿命不能超过某定值 m,在这种情况下,母函数 $F(s)$ 是一个次数不超过 m 的多项式. 在应用中,我们希望求得在时刻 n 发生更换的概率 u_n,这个 u_n 可由下一节的方程(1)来计算. 此处我们得到一类由任意分布 $\{f_n\}$ 所定义的循环事件. $f<1$ 的情况并不排除在外,此时 $1-f$ 可以解释为零件永远不坏的概率.

2.2　基本关系

在本节中我们继续采用上节式(2)~(4)中的记号,并且要研究 $\{f_n\}$ 与 $\{u_n\}$ 之间的关系. 根据定义,ε 在第 v 次试验中第一次出现而且又在其后的第 n 次试验中出现的概率为 $f_v u_{n-v}$. ε 在第 n 次试验中第一次出现的概率为 $f_n = f_n u_0$. 因为这些情形是互不相容的,故我们有

$$u_n = f_1 u_{n-1} + f_2 u_{n-2} + \cdots + f_n u_0 \quad (n \geqslant 1) \quad (1)$$

我们看出，上式右边是褶积$\{f_k\}*\{u_k\}$，其母函数为$F(s)U(s)$；上式左边是缺u_0这一项的数列$\{u_n\}$，故其母函数为$U(s)-1$. 于是由(1)可得$U(s)-1=F(s)U(s)$，所以我们证明了如下的定理.

定理 1 $\{u_n\}$与$\{f_n\}$的母函数之间有如下关系

$$U(s)=\frac{1}{1-F(s)} \tag{2}$$

注 当$|s|<1$时，(2)的右边可以展开为收敛的几何级数$\sum F^r(s)$. $F^r(s)$中S^n的系数$f_n^{(r)}$为ε在n次试验中第r次出现的概率，而方程(2)则等价于

$$u_n=f_n^{(1)}+f_n^{(2)}+\cdots \tag{3}$$

这个式子表达了如下的显然事实：如果ε在第n次试验出现，则它在前面已出现了$0,1,2,\cdots,n-1$次.（显然，当$r>n$时，$f_n^{(r)}=0$.）

定理 2 ε为非常返的充要条件是

$$u=\sum_{j=0}^{\infty}u_j \tag{4}$$

为有限. 当这个条件满足时，ε迟早会出现的概率f为

$$f=\frac{u-1}{u} \tag{5}$$

注 我们可把u_j解释为一个随机变量的期望值，当ε在第j次试验出现时这个随机变量的值为1，否则为0. 于是$u_1+u_2+\cdots+u_n$是在n次试验中ε出现的期望次数，故$u-1$可以解释为在无穷多次试验中ε出现的期望次数.

证明 由于系数u_k是非负的，故当$s\to1$时，$U(s)$单调增加，因此对于每个N，有

$$\sum_{n=0}^{N}u_n\leqslant\lim_{s\to1}U(s)\leqslant\sum_{n=0}^{\infty}u_n=u$$

因为当 $f < 1$ 时 $U(s) \to (1-f)^{-1}$，而当 $f = 1$ 时 $U(s) \to \infty$，从而就能推出定理.

下面的定理是特别重要的①. 虽然证明是初等的，但它对于理解问题的概率意义并无帮助，故我们把它放在最后.

定理 3　设 ε 是常返的且不是周期的，用 μ 表示循环时间 T_v 的均值，即

$$\mu = \sum jf_j = F'(1) \tag{6}$$

（可能 $\mu = \infty$），则当 $n \to \infty$ 时

$$u_n \to \mu^{-1} \tag{7}$$

（如果平均循环时间为无穷，则 $u_n \to 0$）.

定理 4　如果 ε 是常返的且具有周期 $\lambda > 0$，则当 $n \to \infty$ 时

$$u_{n\lambda} \to \lambda\mu^{-1} \tag{8}$$

而当 k 不能被 λ 整除时 $u_k = 0$.

证明　因为 ε 具有周期 λ，故级数 $F(s) = \sum f_n s^n$ 仅包含 s^λ 的各次幂，因而 $F(s^{\frac{1}{\lambda}}) = F_1(s)$，其中 $F_1(s)$ 是具有正系数的幂级数且 $F_1(1) = 1$. 由定理 3 可知，$U_1(s) = \{1 - F_1(s)\}^{-1}$ 的系数趋向于 μ_1^{-1}，此处

① 这个定理是为了更好地理解柯尔莫戈洛夫建立的有限马尔科夫链的遍历性而被猜测到并被证明的. 钟开莱注意到，定理 3 实际上与柯尔莫戈洛夫的遍历性定理等价，因而可由它导出. 以前有很多论文研究各种特殊情况及其变种. 后来，布拉克韦尔（D. Blackwell）、钟开莱、厄尔多斯和沃尔福威茨等人用不同的方法将定理 3 推广到连续型随机变量的情况并使之进一步精确化. 布拉克韦尔简捷地证明：式(7) 对均值为正的所有取整数值的随机变量成立（不必像本书那样，限于取正整数值的随机变量）. 他的方法是以任意变量的梯级点的应用为基础的.

$$\mu_1 = F'_1(1) = \lambda^{-1}F'(1) = \lambda^{-1}\mu$$

（显然μ与μ_1或者同时为有限，或者同时为无限）现在我们有 $U(s) = U_1(s^{\lambda})$，故(8)成立.

例 (a) 作为一个平凡的例子，令 ε 表示伯努利试验中的“成功”. 于是由定义可知 $u_n = p$. 定理 3 所陈述的是，相继两次成功之间的试验期望数为 p^{-1}. 这里 $U(s) = 1 + ps(1-s)^{-1} = (1-qs)(1-s)^{-1}$，于是由定理 1 可知 $F(s) = ps(1-qs)^{-1}$，这就证明了相继两次成功之间的等待时间具有几何分布.

(b) 伯努利试验中返回原点.

如果在第 k 次试验时，成功和失败的累积数相等，则 k 必须为偶数；如令 $k = 2n$，则在这 k 次试验中，有 n 次试验的结果为成功而其他 n 次试验的结果为失败. 于是 u_{2n} 就是 $2n$ 次试验中成功与失败出现的次数相等的概率，故我们有

$$u_{2n} = \binom{2n}{n} p^n q^n \tag{9}$$

由二项分布的正态逼近可知（也容易用斯特林公式来证明）

$$\binom{2n}{n} 2^{-2n} \sim \frac{1}{(\pi n)^{\frac{1}{2}}} \tag{10}$$

故有

$$u_{2n} \sim \frac{(4pq)^n}{(\pi n)^{\frac{1}{2}}} \tag{11}$$

此处符号“ ~ ”表示两边的比趋向于 1.

如果 $p \neq \frac{1}{2}$，则 $4pq < 1$，此时级数 $\sum u_{2n}$ 比公比为 $4pq$ 的几何级数收敛得更快. 如果 $p = \frac{1}{2}$，则 $u_{2n} \sim$

$(\pi n)^{-\frac{1}{2}}$；故 $\sum u_{2n}$ 发散，但 $u_{2n} \to 0$. 由上面的定理可以推出，以概率 1 成立着：如果 $p \neq q$，则累积和 S_n 只可能有有限多次等于 0. 如果 $p = q = \frac{1}{2}$，则它们将经过 0 无限多次，但平均循环时间是无限的.

在 $p \neq q$ 的情况，上述论断在直观上是很显然的，并且也可由强大数定律推出. 用赌博的语言来说，如果赌博对某甲有利，则他可以确信，在最初几次起伏以后他的净赢利将永远为正. 当 $p = q = \frac{1}{2}$ 时，上述论断在直观上则很不明显.

由上面的定理还可导出几个附加的结论. 利用容易验证的公式

$$\binom{2n}{n} = \binom{-\frac{1}{2}}{n} \cdot (-4)^n \tag{12}$$

及二项式展开式，由式(9) 可得

$$U(s) = \sum_{n=0}^{\infty} u_{2n} s^{2n} = (1 - 4pqs^2)^{-\frac{1}{2}} \tag{13}$$

如果 $p \neq \frac{1}{2}$，则

$$u = U(1) = (1 - 4pq)^{-\frac{1}{2}} = | p - q |^{-1}$$

由式(5) 我们得到如下结论：成功和失败的累积数迟早将要相等的概率为

$$f = 1 - | p - q | \tag{14}$$

(这是至少返回原点一次的概率).

由式(2) 可得循环时间的母函数

$$F(s) = 1 - (1 - 4pqs^2)^{\frac{1}{2}} \tag{15}$$

当 $p=q=\frac{1}{2}$ 时，有

$$F(s)=1-(1-s^2)^{\frac{1}{2}} \tag{16}$$

由二项展开式可得

$$f_{2n}=(-1)^{n+1}\begin{pmatrix}\frac{1}{2}\\ n\end{pmatrix}=\frac{1}{n}\binom{2n-2}{n-1}2^{-2n+1} \tag{17}$$

（当 n 为奇数时，$f_n=0$）. 方程(17) 给出了投掷钱币的古典赌博中返回原点的循环时间的分布.

（c）多个钱币的投掷中的相同成功数.

我们考虑独立重复地投掷两个钱币这一试验，每当两个钱币出现正面的累积次数相等（因而出现反面的累积次数也相等）时，我们说 ε 出现. 显然

$$u_n=\frac{1}{2^{2n}}\left\{\binom{n}{0}^2+\binom{n}{1}^2+\binom{n}{2}^2+\cdots+\binom{n}{n}^2\right\} \tag{18}$$

利用式(10)，我们有

$$u_n=\binom{2n}{n}2^{-2n}\sim\frac{1}{(n\pi)^{\frac{1}{2}}} \tag{19}$$

故 $\sum u_n$ 发散，但 $u_n\to 0$. 所以 ε 是常返的，但具有无限的平均循环时间.

更一般地，考虑同时投掷 r 个钱币这一试验，并令 ε 表示所有钱币出现正面的累积数相同这一循环事件，则

$$u_n=\frac{1}{2^{rn}}\left\{\binom{n}{0}^r+\binom{n}{1}^r+\cdots+\binom{n}{n}^r\right\} \tag{20}$$

为了估计 u_n，我们注意，二项分布的最大项小于 $n^{-\frac{1}{2}}$，所以

$$u_n < n^{-\frac{1}{2}(r-1)}2^{-n}\left\{\binom{n}{0}+\binom{n}{1}+\cdots+\binom{n}{n}\right\}=n^{-\frac{1}{2}(r-1)} \tag{21}$$

故当 $r \geqslant 4$ 时 $\sum u_n$ 收敛. 上面我们已看到,当 $r=2$ 时 $\sum u_n$ 是发散的. $r=3$ 的情况必须另外考虑. 由二项分布的正态逼近可知,当 n 充分大而 k 在 $\frac{1}{2}n-n^{\frac{1}{2}}$ 与 $\frac{1}{2}n+n^{\frac{1}{2}}$ 之间时,我们有 $\binom{n}{k}2^{-n}>cn^{-\frac{1}{2}}$,此处 c 为正常数(比方说 e^{-4}). 故当 $r=3$ 时

$$u_n > 2n^{\frac{1}{2}}(c^3n^{-\frac{3}{2}})=2\frac{c^3}{n} \tag{22}$$

因而 $\sum u_n$ 发散. 换句话说,当且仅当 $k \leqslant 3$ 时,k 个钱币出现正面的累积数相等这一循环事件 ε 是常返的. 在每种情况,平均循环时间都是无限的.

(d) 骰子

掷骰子时出现一点、两点、三点、……、六点的累积数相等这个循环事件, 显然 ε 的周期为 6, 且 $u_{6n}=(6n)!\ (n!\ )^{-6}6^{-6n}$. 利用斯特林公式容易证明,$u_{6n}$ 与 $n^{-\frac{3}{2}}$ 同阶,故 $\sum u_n$ 收敛. 因此 ε 是非常返的.

2.3　更新方程

循环事件理论中的基本方程是所谓更新方程的一个特殊情况,有很多问题与这个更一般的方程有关. 下面我们来证明,上节中的定理,不必做很大的更动,就可适用于现在的更一般的情况. 本节的讨论是纯分析性的,概率解释和应用将放在下一节.

设$\{a_n\}$与$\{b_n\}$是满足条件$0 \leqslant a_n < 1$及$b_n > 0(n=0,1,2,\cdots)$的两个序列. 第三个序列$\{u_n\}$由如下的递推关系来定义

$$u_n = b_n + (a_0u_n + a_1u_{n-1} + \cdots + a_nu_0) \tag{1}$$

或

$$\{u_n\} = \{b_n\} + \{a_n\} * \{u_n\} \tag{2}$$

解式(1)依次可得

$$u_0 = \frac{b_0}{1-a_0}, u_1 = \frac{b_1 + a_1u_0}{1-a_0}, \cdots$$

故$\{u_n\}$的存在唯一性是不成问题的. 我们所关心的是当$n \to \infty$时$\{u_n\}$的状态, 对于这个问题有很多著作(大多是争论性的)进行过讨论.

如果令$b_n = 0, a_n = f_n(n=1,2,\cdots)$, 以及$b_0 = 1, a_0 = 0$, 则方程(1)就成为上节的方程(1), 故更新方程(1)是更为一般的, 但它的性质可由上节的方程(1)的性质导出. 我们再一次引入母函数

$$A(s) = \sum a_ns^n, B(s) = \sum b_ns^n, U(s) = \sum u_ns^n \tag{3}$$

由于系数a_n与b_n有界, 故前面两个级数至少当$|s|<1$时收敛; 很快就可看到, 第三个级数的收敛性是显然的. 方程(1)现在可以写成$U(s) = B(s) + A(s)U(s)$的形式, 或

$$U(s) = \frac{B(s)}{1-A(s)} \tag{4}$$

当$B(s) \equiv 1$时, (4)就划归为上节的式(2)的形式, 但两者之间还有差别, 即现在的$\{a_n\}$未必是循环时间的分布, 故$A(s)$不但可以小于1而且也可以大于1.

如果存在正整数$\lambda > 1$, 使得除$a_\lambda, a_{2\lambda}, a_{3\lambda}, \cdots$可

能不为零以外,所有的 a_k 都等于零,则我们称 $\{a_n\}$ 为周期的. 此时 $A(s)$ 是 s^{λ} 的幂级数. 具有这种性质的最大整数 λ 称为周期.

定理 1　设 $\{a_n\}$ 不是周期的,而且 $B(1)=\sum b_n$ 有限.

(a) 如果 $\sum a_n=1$,则

$$u_n \to B(1)\mu^{-1},\text{此处}\ \mu=\sum na_n \tag{5}$$

(特别地,如果 $\sum na_n$ 发散,则 $u_n \to 0$).

(b) 如果 $\sum a_n<1$,则级数

$$\sum u_n = B(1)\{1-A(1)\}^{-1} \tag{6}$$

收敛.

(c) 如果 $\sum a_n>1$(包括级数发散的情况在内),则方程 $A(x)=1$ 存在唯一的正根 $x<1$,且此时有

$$u_n \sim \frac{B(x)}{A'(x)}x^{-n} \tag{7}$$

其中符号"~"表示两边的比趋向于 1.(由关系式(7)可知,u_n 按几何数列增加;因为当 $|s|<1$ 时 $A(s)$ 是正则的,故导数 $A'(x)$ 为有限.)

证明　(a) 设 v_n 是 $\{1-A(s)\}^{-1}$ 中 s^n 的系数,则由上节定理 3 可知 $v_n \to \mu^{-1}$. 现在

$$u_n = v_nb_0 + v_{n-1}b_1 + \cdots + v_0b_n \tag{8}$$

对于每个固定的 k,当 $n\to\infty$ 时,项 $v_{n-k}b_k$ 趋向于$\frac{b_k}{\mu}$. 此外,v_n 是有界的. 由此可以推出,当 N 充分大时,u_n 与

$$u'_n = v_nb_0 + v_{n-1}b_1 + \cdots + v_{n-N}b_N \tag{9}$$

之差可以任意小,且 $u'_n \to \frac{b_0+\cdots+b_N}{\mu}$,而这个极限值

与$\frac{B(1)}{\mu}$之差也可任意小，于是定理的(a) 证毕.

(b) 上节定理 2 的证明无须改变，仍然适用于此处的一般情况.

(c) 这里只要将(a) 中的结果应用于序列 $\{a_n x^n\}$，$\{b_n x^n\}$ 与 $\{u_n x^n\}$ 即可，它们的母函数分别为 $A(xs)$，$B(xs)$ 与 $U(xs)$，且它们之间的关系与原序列之间的关系(2) 是一样的.

为完备起见，下面我们考虑 $\{a_n\}$ 为周期序列的情况，这时 $A(s) = \sum a_n \lambda s^{n\lambda}$ 为 s^λ 的幂级数. 在这种情况下，我们按足标将系数 u_n 分成几个同余类(模为 λ)

$$\{u_0, u_\lambda, u_{2\lambda}, u_{3\lambda}, \cdots\}$$
$$\{u_1, u_{\lambda+1}, u_{2\lambda+1}, u_{3\lambda+1}, \cdots\}$$
$$\vdots$$
$$\{u_{\lambda-1}, u_{2\lambda-1}, u_{3\lambda-1}, \cdots\}$$

由式(4)[①] 可知，系数 $u_{n\lambda}$ 仅依赖于 $b_0, b_\lambda, b_{2\lambda}, \cdots$，而不依赖于其足标不能被 λ 整除的那些 b_k. 因此我们将 $U(s)$ 与 $A(s)$ 表成 λ 个 s^λ 的幂级数之和

$$U(s) = U_0(s) + sU_1(s) + \cdots + s^{\lambda-1}U_{\lambda-1}(s)$$
$$B(s) = B_0(s) + sB_1(s) + \cdots + s^{\lambda-1}B_{\lambda-1}(s) \quad (10)$$

其中

$$U_j(s) = \sum_{n=0}^{\infty} u_{n\lambda+j} s^n, B_j(s) = \sum_{n=0}^{\infty} b_{n\lambda+j} s^n \quad (11)$$

于是由(4)，对于一切 $j = 0, 1, \cdots, \lambda - 1$，有

$$U_j(s) = \frac{B_j(s)}{1 - A(s)} \quad (12)$$

① 直接由式(1) 来看更明显一些 —— 译者注.

这里所有的函数都是 s^λ 的幂级数，因此在作变换 $s^\lambda=t$ 后就可应用前面的定理. 由此得到

定理 2　在周期为 λ 的情况下，序列 $\{u_n\}$ 是渐近周期的. 如果 $A(1)=1$，则 λ 个子序列 $\{u_{n\lambda+j}\}$ 都有一个极限

$$\lim_{n\to\infty} u_{n\lambda+j}=\frac{\lambda B_j(1)}{\mu} \tag{13}$$

其中

$$B_j(1)=b_j+b_{\lambda+j}+b_{2\lambda+j}+b_{3\lambda+j}+\cdots$$

例　（累次平均）设 u_1,u_2,u_3 是三个已给正数，用接连取算术平均值的方法构造一个无穷数列 $\{u_n\}$

$$u_4=\frac{1}{3}(u_1+u_2+u_3),u_5=\frac{1}{3}(u_2+u_3+u_4),\cdots$$

$$u_{n+3}=\frac{1}{3}(u_n+u_{n+1}+u_{n+2}),\cdots \tag{14}$$

我们来求 $\{u_n\}$ 的渐近性质. 更精确地说，我们将证明

$$u_n\to\frac{1}{6}(u_1+2u_2+3u_3) \tag{15}$$

不用说，此处的方法可以应用到任意的平均值上去. 关键之处是，这类问题可划归为更新方程(1)，因而可从一个新的角度来阐明其性质.

如果我们令

$$a_0=0,a_1=a_2=a_3=\frac{1}{3},a_n=b_n=0\quad(n\geqslant 4) \tag{16}$$

则当 $n\geqslant 4$ 时，式(14) 与式(1) 是一致的. 为了对一切 n 把式(14) 划归为式(1)，我们必须定义 $b_0=u_0=0$，并由下式来确定 b_1,b_2,b_3，则

$$b_1=u_1,b_2=u_2-\frac{1}{3}u_1,b_3=u_3-\frac{1}{3}(u_1+u_2) \tag{17}$$

现在由定理 1(a) 即可得到式(15) 而无须进一步的计算. 因为母函数 $U(s)$ 是有理函数,故为了看出式(15)中的极限按指数的速度趋近并估计两边的差,我们可将它展开为部分分式.

2.4 延迟了的循环事件

现在我们要把循环事件的概念稍加推广. 这个推广十分显然,除了为方便起见我们将给出有关的术语和基本方程外,其他方面的问题就不特别提及了.

粗略地说,延迟了的循环事件是指它们所涉及的试验"不是从头开始,而是从中间出发",因此 ε 第一次出现的等待时间的分布 $\{b_n\}$ 不同于 ε 相继两次出现之间的循环时间的分布 $\{f_n\}$. 在 ε 出现后的试验是一个固定的样本空间的精确重复,但这个样本空间与原来的样本空间并非同一的. 除此以外,前面的理论可以应用.

由于情况很简单,我们将不进行形式上的讨论,而作如下约定:如果当 ε 第一次出现以前的各次试验不加考虑时,循环事件的定义仍可适用,且 ε 第一次出现的等待时间是与以后的循环时间相独立的随机变量(前者的分布可以不同于共同的循环时间的分布 $\{f_n\}$),则我们称 ε 为延迟了的循环事件.

根据以上的定义及第 2 节中的结果容易计算出 ε 在第 n 次试验中出现的概率 u_n. 但更好的方法是写出一个更新型的新方程并独立地进行计算.

ε 在第 $n-k$ 次试验中出现并且下一次在第 n 次试验中出现的概率为 $u_{n-k}f_k$. 这些事件是互不相容的,且它们对于 $k=1,2,\cdots,n-1$ 的并是如下事件:ε 在第 n

次试验出现并且也在第 n 次试验前的某次试验中出现. ε 在第 n 次试验第一次出现的概率为 b_n,故对于 $n \geqslant 1$,有

$$u_n = b_n + u_{n-1} f_1 + u_{n-2} f_2 + \cdots + u_1 f_{n-1} \qquad (1)$$

对于延迟了的事件,令

$$u_0 = f_0 = b_0 = 0 \qquad (2)$$

是最自然的;这样就把(1) 划归为更新方程

$$\{u_n\} = \{b_n\} + \{u_n\} * \{f_n\} \qquad (3)$$

并且对应的母函数满足

$$U(s) = \frac{B(s)}{1 - F(s)} \qquad (4)$$

作为上节结果的一个特殊情况,我们有:

定理　如果 ε 是非周期的,且 $\sum f_n = 1$(即 ε 是常返的),则

$$u_n \to \mu^{-1} \sum b_n, \mu = \sum n f_n \qquad (5)$$

如果 $f = \sum f_n < 1$(即 ε 是非常返的),则

$$\sum u_n = (1 - f)^{-1} \sum b_n \qquad (6)$$

在周期的情况下,可以应用第 3 节的定理 2.

例　(a) 在计数器问题中,假定在时刻 0 计数器正好关闭了两个时间单位(也就是说,在一次记录后经过两次试验才开始观察). 计数至少还将关闭 $r-2$ 个时间单位,且如果第 $r-1$ 次试验的结果为失败,则计数器就在这次试验结束时成为自由的;否则它又将记录,因而继续关闭 r 个时间单位,等等. 由此推出

$$b_{r-2} = q, b_{2r-2} = pq, b_{3r-2} = p^2 q, \cdots$$

(b)(更新问题) 我们曾考虑过一种零件,其寿命

是具有分布$\{f_n\}$的随机变量. 当一个用坏了时,就立即用一个新的换上去,而且过程按这种方式继续下去. 设 ε 代表“更换”. 我们假定,在时刻0正好安装上一个新零件. 现在我们假定,在时刻0,零件的年龄为 k. 这时 ε 就是一个延迟了的循环事件,于是我们必须计算第一次更换的等待时间的分布$\{b_n\}$. 显然 b_n 是已知零件的年龄为 k 的条件下零件的寿命为 $n+k$ 的概率. 因此有

$$b_n = \frac{f_{n+k}}{r_k}, r_k = f_k + f_{k+1} + f_{k+2} + \cdots \tag{7}$$

在应用中,通常不但要考虑单个零件,而且也要考虑整个总体. 设初始总体(在时刻0)由 N 个零件所组成,其中年龄为 k 的恰有 v_k 个(显然 $\sum v_k = N$). 每个零件都引出一个逐代更替的零件系列,并在任意时刻 n,在这个系列中以某个概率需要更换. 对于所有 N 个零件的这些概率之和是在时刻 n 需要更换的期望数 u_n. 显然 u_n 满足基本方程(3),其中

$$b_n = \sum_{k=0}^{\infty} \frac{v_k f_{n+k}}{r_k} \tag{8}$$

于是由前面的定理可知,u_n 是收敛的.

不仅 u_n 的极限,而且在时刻 n 的年龄分布及其渐近性质都是容易计算的. 设 $v_k(n)$ 是在时刻 n 年龄为 k 的零件的期望数(故有 $v_k(0) = v_k$). 显然有

$$\begin{aligned} v_k(n) &= u_{n-k} r_k \quad (\text{如果 } k < n) \\ v_k(n) &= \frac{v_{k-n} r_k}{r_{k-n}} \quad (\text{如果 } k \geqslant n) \end{aligned} \tag{9}$$

我们知道,在非周期的情况下,当 $n \to \infty$ 时,$u_n \to$

$\frac{B(1)}{\mu}=\frac{N}{\mu}$,故由式(9)可以推出 $v_k(n)\to\frac{Nr_k}{\mu}$. 因此,在非周期的情况下,存在平稳的极限年龄分布,即:当 $n\to\infty$ 时,年龄为 k 的零件的期望数的极限为 $\frac{Nr_k}{\mu}$,此处 N 是(不变的)总体的大小,$\mu=\sum r_k$ 为平均寿命(如果 $\mu=\infty$,则总体无限地老化). 基本事实是:极限年龄分布不依赖于初始年龄分布而仅与死亡分布 $\{a_n\}$ 有关.

作为一个数值例题,我们考虑由 $N=1\ 000$ 个零件所组成的总体,其初始年龄分布为 $v_0=500,v_1=320,v_2=74,v_3=100,v_4=6$. 设生存概率为 $f_1=0.20,f_2=0.43,f_3=0.17,f_4=0.17,f_5=0.03$(故最大年龄为5). 这里 $U(s)$ 是一个有理函数

$$U(s)=s\frac{397+332s+159s^2+97s^3+15s^4}{1-0.20s-0.43s^2-0.17s^3-0.17s^4-0.03s^5} \tag{10}$$

它能展开为部分分式

$$U(s)=\frac{1\ 250s}{3(1-s)}-\frac{972s}{61\left(1+\frac{3s}{5}\right)}\frac{38s}{87\left(1+\frac{s}{5}\right)}-\frac{78\ 225s^2+22\ 125s}{5\ 307\left(1+\frac{s^2}{4}\right)}$$

年龄分布 $\{v_k(n)\}(n=1,2,3,\cdots)$ 可以直接由更新方程来计算. 表1各列给出了这些年龄分布及极限分布,它表明,$\{v_k(n)\}$ 在趋向其极限时并非单调的.

表 1

k	n								
	0	1	2	3	4	5	6	7	∞
0	500	397	411.4	412	423.8	414.3	417.0	416.0	416.7
1	320	400	317.6	329.1	329.6	339.0	331.5	333.6	333.3
2	74	148	185	146.9	152.2	152.4	156.8	153.3	154.2
3	100	40	80	100	79.4	82.3	82.4	84.8	83.3
4	6	15	6	12	15	11.9	12.3	12.4	12.5

(c)(人口问题) 这个理论与更新理论类似,只是人口的多少是变化的,且女性的出生起着更换的作用. 这个问题的新颖之处在于,一个母亲可能有零个、一个或多个女儿,故谱系可能绝灭或分支. 现在我们定义 a_n 为一个新生的女孩成活并在年龄为 n 时生一个女孩的概率(对以前的子女的数目和年龄的依赖性略去不计). 于是 $\sum a_n$ 是女儿的期望数,故 $\sum a_n < 1$, $\sum a_n = 1$, $\sum a_n > 1$ 都是可能的. 前面的论述,做一些明显的修改后,就可应用.

2.5 ε 出现的次数

直到现在为止,我们仅考虑了一个循环事件的第一、第二、……、第 r 次出现,并把它们出现的试验数看作随机变量. 通常,更自然的是采取相反的观点,即固定试验数 n,并把在 n 次试验中 ε 出现的次数 N_n 看作一个随机变量. 我们将研究当 n 很大时,N_n 的渐近性态.

如同在第 1 节式(8) 中一样,设 $T^{(r)}$ 表示第 r 次出现 ε 的试验次数. $T^{(r)}$ 与 N_n 的概率分布之间具有如下明显的关系

$$P\{N_n \geqslant r\} = P\{T^{(r)} \leqslant n\} \tag{1}$$

我们首先考虑 ε 为常返的且其循环时间分布 $\{f_n\}$ 具有有限的均值 μ 与方差 σ^2 的简单情况. 因为 $T^{(r)}$ 是 r 个独立随机变量之和,故由中心极限定理可以断定,对于每个固定的 x,当 $r\to\infty$ 时,有

$$P\left\{\frac{T^{(r)}-r\mu}{\sigma r^{\frac{1}{2}}}<x\right\}\to\Phi(x) \tag{2}$$

此处 $\Phi(x)$ 是正态分布函数. 令 $n\to\infty$ 和 $r\to\infty$,并使

$$\frac{n-r\mu}{\sigma r^{\frac{1}{2}}}\to x \tag{3}$$

则由式(1) 与(2) 可得

$$P\{N_n\geqslant r\}\to\Phi(x) \tag{4}$$

为了用更熟悉的形式写出这个关系,我们引进正则化随机变量

$$N_n^*=\frac{N_n-n\mu^{-1}}{\sigma n^{\frac{1}{2}}\mu^{-\frac{3}{2}}} \tag{5}$$

不等式 $N_n\geqslant r$ 可以写成如下形式

$$N_n^*\geqslant\frac{r-n\mu^{-1}}{\sigma n^{\frac{1}{2}}\mu^{-\frac{3}{2}}}=-\frac{n-r\mu}{\sigma r^{\frac{1}{2}}}\cdot\left(\frac{r\mu}{n}\right)^{\frac{1}{2}} \tag{6}$$

由式(3) 可推出,上式右边趋向于 $-x$,故

$$P\{N_n^*\geqslant -x\}\to\Phi(x)\text{ 或 }P\{N_n^*<-x\}\to-\Phi(x) \tag{7}$$

于是我们证明了如下的定理.

定理 1(正态逼近)　如果循环事件 ε 是常返的,且其循环时间具有有限的均值 μ 与方差 σ^2,则如式(2) 与(7) 所示,第 r 次出现 ε 的试验次数 $T^{(r)}$ 与前 n 次试验中 ε 出现的次数 N_n 都是渐近正态分布的.

注意,在式(7) 中,我们把中心极限定理应用到一列相依随机变量上去了. 由关系式(7) 似乎应该有

$$E(N_n) \sim \frac{n}{\mu}, Var(N_n) \sim \frac{n\sigma^2}{\mu^3} \tag{8}$$

但其正确性尚需进一步论证.

下一节中我们将通过对连贯理论的应用来说明定理 1 的用处. 不过,应当了解,在随机变量起伏理论和物理过程中所遇到的循环时间大多数都是无限的均值,因而定理 1 必须用更一般的定理来代替.

在直观上,我们总以为 $E(N_n)$ 应当随着 n 线性地增大(如同在式(8)中一样),之所以产生这种想法,是由于如下的朴素考虑:"试验的次数增加一倍时,ε 出现的次数大体上也应增加一倍."然而,事实并非如此. 掷钱币中的返回原点(它是扩散理论中的循环时间的代表)可以再次用来说明一般起伏问题中这种意料不到的性质.

定理 2(循环悖理)　设 ε 为对称伯努利试验(例如掷钱币)中的返回原点,则在 $2n$ 次试验中 ε 出现的期望次数 $E(N_{2n})$ 由下式给出

$$E(N_{2n}) = (2n+1)\binom{2n}{n}2^{-2n} - 1 \tag{9}$$

所以

$$E(N_{2n}) \sim 2\left(\frac{n}{\pi}\right)^{\frac{1}{2}} \tag{10}$$

($E(N_n)$ 不是随 n 线性增加,而是按数量级 $n^{\frac{1}{2}}$ 增加).

证明　由式(1)可得

$$E(N_n) = \sum_{r=1}^{\infty} P\{N_n \geqslant r\} = \sum_{r=1}^{\infty} P\{T^{(r)} \leqslant n\} \tag{11}$$

$T^{(r)}$ 的母函数为 $F^r(s)$,其中 $F(s)$ 由 2.2 节式(16)所决定,即 $F(s) = 1 - (1 - s^2)^{\frac{1}{2}}$. 累积概率 $P\{T^{(r)} \leqslant n\}$

的母函数为 $F^r(s)(1-s)^{-1}$，于是由式(11)可知，序列 $\{E(N_n)\}$ 的母函数为

$$\sum E(N_n)s^n=\frac{F(s)}{(1-s)(1-F(s))}=\frac{1+s}{(1-s^2)^{\frac{3}{2}}}-\frac{1}{1-s} \qquad (12)$$

由此有

$$E(N_{2n})=E(N_{2n+1})=(-1)^n\binom{-\frac{3}{2}}{n}-1 \qquad (13)$$

可将式(13)写成式(9)的形式.

2.6　在成功连贯理论中的应用

本节，r 表示一个固定的正整数，ε 代表在一列伯努利试验中长为 r 的成功连贯的出现. 如在 2.1 节式(1)与(2)中一样，u_n 是 ε 在第 n 次试验中出现的概率，f_n 是长为 r 的成功连贯在第 n 次试验中第一次出现的概率.

第 $n,n-1,n-2,\cdots,n-r+1$ 次试验(共 r 次)都出现成功的概率显然为 p^r. 在这种情况下，ε 在这 r 次试验之一中出现；ε 在第 $n-k$ 次试验出现($k=0,1,\cdots,r-1$)而在其后的 k 次试验都出现成功的概率为 $u_{n-k}p^k$. 因为这 r 种可能是互不相容的，故我们有如下的递推关系①

① 古典的方法在于导出 f_n 的递推关系. 这个方法要麻烦得多，因而不能应用于任一种连贯或像 $SSFFSS$ 之类的型样；而我们的方法，无须改变，就可用来讨论这类问题.

$$u_n + u_{n-1}p + \cdots + u_{n-r+1}p^{r-1} = p^r \tag{1}$$

这个方程当 $n \geqslant r$ 时成立. 显然

$$u_1 = u_2 = \cdots = u_{r-1} = 0, u_0 = 1 \tag{2}$$

用 s^n 乘(1)并对 $n = r, r+1, r+2, \cdots$ 求和. 由(2)可知,左边的和为

$$\{U(s) - 1\}(1 + ps + p^2s^2 + \cdots + p^{r-1}s^{r-1}) \tag{3}$$

而右边的和则为 $p^r(s^r + s^{r+1} + \cdots)$. 求出这两个几何级数的和,我们得

$$\{U(s) - 1\} \cdot \frac{1 - (ps)^r}{1 - ps} = \frac{p^r s^r}{1 - s} \tag{4}$$

或

$$U(s) = \frac{1 - s + qp^r s^{r+1}}{(1 - s)(1 - p^r s^r)} \tag{5}$$

利用 2.2 节方程(2),我们得到循环时间的母函数

$$F(s) = \frac{p^r s^r (1 - ps)}{1 - s + qp^r s^{r+1}} =$$

$$\frac{p^r s^r}{1 - qs(1 + ps + \cdots + p^{r-1}s^{r-1})} \tag{6}$$

因为 $F(1) = 1$,故在延长的试验序列中,任意长的连贯数必定无限增加. 因为 $u_n \to \mu^{-1}$,故平均循环时间可直接由式(1)得到. 如果还要求方差,则用 $F(s)$ 的导数来求更好一些. 在求 $F'(s)$ 时,最好是先去式(6)的分母,然后用隐函数微分法. 求出 $F'(s)$ 后,再通过简单的计算就可证明,长为 r 的连贯的循环时间的均值与方差分别为

$$\mu = \frac{1 - p^r}{qp^r}, \sigma^2 = \frac{1}{(qp^r)^2} - \frac{2r + 1}{qp^r} - \frac{p}{q^2} \tag{7}$$

由上节定理 1 可知,当 n 很大时,n 次试验中所产生的

长为 r 的连贯数 N_n 近似地服从正态分布,即对于固定的 $\alpha < \beta$

$$\frac{n}{\mu} + \frac{\alpha\sigma n^{\frac{1}{2}}}{\mu^{\frac{3}{2}}} < N_n < \frac{n}{\mu} + \frac{\beta\sigma n^{\frac{1}{2}}}{\mu^{\frac{3}{2}}} \tag{8}$$

的概率趋向于 $\Phi(\beta) - \Phi(\alpha)$. 这个事实首先是由冯·米赛斯证明的,但如没有循环事件的理论,则证明需要相当冗长的计算. 表1给出了几个典型的循环时间的平均值.(成功连贯的平均循环时间,假定试验以每秒一次的速率进行)

表1

连贯的长度	$p = 0.6$	$p = 0.5$(钱币)	$p = \frac{1}{6}$(骰子)
$r = 5$	30.7秒	1分	2.6小时
10	6.9分	34.1分	28.0月
15	1.5小时	18.2小时	18 098年
20	19小时	24.3天	140.7百万年

容易看出,式(6)中第二个表示式的分母有唯一的正根 $s = x$. 对于满足 $|s| \leqslant x$ 的每个实数或虚数 s,我们有

$$|qs(1 + ps + \cdots + p^{r-1}s^{r-1})| \leqslant$$
$$qx(1 + px + \cdots + p^{r-1}x^{r-1}) = 1 \tag{9}$$

其中等号仅当左端的所有项具有相同的辐角(即 $s = x$)时才能成立. 故 x 的绝对值小于(6)的分母的任何其他根的绝对值. 可求得

$$f_n \sim \frac{(x-1)(1-px)}{(r+1-rx)q} \cdot \frac{1}{x^{n+1}} \tag{10}$$

在 n 次试验中无连贯的概率为 $q_n = f_{n+1} + f_{n+2} +$

$f_{n+3}+\cdots$. 由(10) 可知,可用一个几何级数来近似 q_n,于是我们得到

$$q_n \sim \frac{1-px}{(r+1-rx)q} \cdot \frac{1}{x^{n+1}} \tag{11}$$

故在 n 次试验中不出现长为 r 的成功连贯的概率渐近地由式(11) 给出. 表 2($p=\frac{1}{2}$ 的 n 次试验中不出现长为 $r=2$ 的成功连贯的概率) 表明,甚至当 n 很小时,式(11) 给出的近似也极为精确,且近似程度随着 n 的增加而迅速改进. 这表明,母函数和部分分式的方法是一种有力的工具.

表 2

n	q_n 的精确值	式(11) 给出的近似	误　差
2	0.75	0.766 31	0.016 3
3	0.625	0.619 96	0.008 0
4	0.500	0.501 56	0.001 6
5	0.406 25	0.405 77	0.000 5

数值计算　为了对注重实用的读者有所裨益,我们借此机会来说明,部分分式展开中所牵涉的数值计算经常并不像乍一看时那样繁难,并且能得到极好的误差估计.

渐近展式(11) 提出两个问题:首先,必须估计略去的 $r-1$ 个根的影响;其次,必须求出起主要作用的根 x.

式(6) 中的第一式表明,$F(s)$ 的分母的所有根满足方程

$$s = 1 + qp^r s^{r+1} \tag{12}$$

易知,$s=p^{-1}$ 是方程(12) 的一个根. 对于正的 s,$f(s)=$

$1+qp^r s^{r+1}$ 是凸的;它在 x 与 p^{-1} 处与平分线 $y=s$ 相交,故在 x 与 p^{-1} 之间其图形在平分线的下方. 此外,$f'(p^{-1})=(r+1)q$. 如果这个数大于1,则 $f(s)$ 的图形从下面穿过平分线,因而 $p^{-1}>x$. 为确定起见,我们假定

$$(r+1)q>1 \tag{13}$$

在这种情况下,$x<p^{-1}$,且当 $x<s<p^{-1}$ 时,$f(s)<s$. 由此可以推出,对于满足不等式 $x<|s|<p^{-1}$ 的所有复数 s,我们有 $|f(s)|\leqslant f(|s|)<|s|$,故任何根 s_k 都不可能位于环形区域 $x<|s|<p^{-1}$ 中. 因为 x 是绝对值最小的根,故对于每个根 $s_k\neq x$,有

$$|s_k|>p^{-1} \tag{14}$$

通过求式(12)的导数可以看出,所有的根都是单根.

q_n 的相应于每个根的部分与它相应于起主要作用的根 x 的部分式(11)具有相同的形式,故式(11)中所略去的 $r-1$ 项具有如下形式

$$A_k=\frac{ps_k-1}{rs_k-(r+1)}\cdot\frac{1}{qs_k^{n+1}} \tag{15}$$

我们要估计上式右边第一个分式的上界. 为此我们注意,对于固定的 $s>p^{-1}>(r+1)r^{-1}$,有

$$\left|\frac{pse^{\mathrm{i}\theta}-1}{rse^{\mathrm{i}\theta}-(r+1)}\right|\leqslant\frac{ps+1}{rs+r+1} \tag{16}$$

事实上,上式左边显然当 $\theta=0$ 和 $\theta=\pi$ 时取极值,以0与 π 直接代入即可看出,$\theta=0$ 对应于极小值,$\theta=\pi$ 对应于极大值. 由式(13)与(14),有

$$|A_k|<\frac{2p^{n+1}}{(r+1+rp^{-1})q}<\frac{2p^{n+2}}{rq(1+p)} \tag{17}$$

于是我们得到如下结论:在式(11)中由于略去 $r-1$ 个不同于 x 的根而引起的误差的绝对值小于

$$\frac{2(r-1)p}{rq(1+p)} \tag{18}$$

根 x 容易用逐次逼近法来计算（令 $x_0=1, x_{v+1}=f(x_v)$）. 所得出的序列单调收敛于 x，因而每一项都可作为 x 的一个下界，而使得 $s>f(s)$ 的任何值 s 都可作为一个上界. 容易看出

$$x=1+qp^r+(r+1)(qp^r)^2+\cdots \tag{19}$$

通过求转换矩阵证明Jordan标准型定理

第3章

3.1 引 言

本章提出证明 Jordan 标准型定理的一个新方法，其证明过程实际是求转换矩阵各列向量的过程，且由此顺便求出常系数线性微分方程组的基本解组.

Jordan 标准型定理：对任何 n 阶矩阵 $\boldsymbol{A}$，必存在 n 阶可逆矩阵 $\boldsymbol{T}$（转换矩阵，非唯一），使

$$\boldsymbol{T}^{-1}\boldsymbol{A}\boldsymbol{T}=\boldsymbol{J} \tag{1}$$

其中 Jordan 标准型矩阵（分块对角型）

$$\boldsymbol{J}=\mathrm{diag}(\boldsymbol{J}_1,\boldsymbol{J}_2,\cdots,\boldsymbol{J}_i,\cdots)$$

而每一 Jordan 子块（未写出的元素为0）

$$J_i=\begin{pmatrix}\lambda_i & 1 & & & & \\ & \lambda_i & 1 & & & \\ & & \lambda_i & 1 & & \\ & & & \ddots & \ddots & \\ & & & & \lambda_i & 1 \\ & & & & & \lambda_i\end{pmatrix}_{r_i\times r_i}$$

(矩阵右下角为行、列数，当 $r_i=1$ 时，$J_i=[\lambda_i]$)，$\lambda_1,\lambda_2,\cdots,\lambda_i,\cdots$ 为矩阵 A 的特征根(不必互异)，而对角线元素相同的所有Jordan子块阶数之和等于此特征根(对角线元素)的重数；且各 Jordan 子块是唯一的，但它们在矩阵 J 的分块对角线的排列次序可改变.

由式(1)得

$$AT=TJ \tag{2}$$

设矩阵 T 的第 $1,2,\cdots,r_1$ 列向量为

$$v_1,v_2,\cdots,v_{r_1}$$

则

$$A(v_1,v_2,\cdots,v_{r_1})=(v_1,v_2,\cdots,v_{r_1})\begin{pmatrix}\lambda_1 & 1 & & & \\ & \lambda_1 & 1 & & \\ & & \ddots & \ddots & \\ & & & \lambda_1 & 1 \\ & & & & \lambda_1\end{pmatrix}$$

即

$$Av_1=\lambda_1 v_1$$

$$Av_s=v_{s-1}+\lambda_1 v_s \quad (s=2,3,\cdots,r_1)$$

(当 $r_1=1$ 时无第二式)

即(E 为单位矩阵)

$$(A-\lambda_1 E)v_1=0$$

$$(\boldsymbol{A}-\lambda_1\boldsymbol{E})\boldsymbol{v}_s=\boldsymbol{v}_{s-1}\quad(s=2,3,\cdots,r_1)\tag{3}$$

称适合此式的向量 $\boldsymbol{v}_1,\boldsymbol{v}_2,\cdots,\boldsymbol{v}_{r_1}$ 为矩阵 $\boldsymbol{A}$ 与特征根 $\boldsymbol{\lambda}_1$ 相应的一向量链(与 $\boldsymbol{\lambda}_1$ 相应的向量链可能不止这一向量链). 由式(3) 得

$$(\boldsymbol{A}-\lambda_1\boldsymbol{E})^s\boldsymbol{v}_s=\boldsymbol{0}\quad(s=1,2,\cdots,r_1)$$

$s\leqslant r_1$,而 r_1 显然不大于特征根 $\boldsymbol{\lambda}_1$ 的重数 n_1,故更有

$$(\boldsymbol{A}-\lambda_1\boldsymbol{E})^{n_1}\boldsymbol{v}_s=\boldsymbol{0}$$

即($\mathbf{C}^n$ 表复 n 维列向量空间,$\stackrel{\triangle}{=}$ 表“定义”)

$$\boldsymbol{v}_s\in\{\boldsymbol{u}\in\mathbf{C}^n\mid(\boldsymbol{A}-\lambda_1\boldsymbol{E})^{n_1}\boldsymbol{u}=\boldsymbol{0}\}\stackrel{\triangle}{=}\mathscr{U}_1$$

(矩阵 $\boldsymbol{A}$ 与特征根 $\boldsymbol{\lambda}_1$ 相应的根子空间).

对其余 Jordan 子块亦有类似的结论.

设矩阵 $\boldsymbol{A}$ 的互异特征根为

$$\lambda_j\quad(j=1,2,\cdots,k)$$

其重数为 n_j,与其相应的根子空间为 $\mathscr{U}_j$,由根子空间分解定理知,复数 n 维(列向量) 空间

$$\mathbf{C}^n=\mathscr{U}_1\oplus\mathscr{U}_2\oplus\cdots\oplus\mathscr{U}_k\quad(\text{子空间直接和})$$

本章将证明(未用结论:维数 $\dim\mathscr{U}_j=n_j$),在每个线性空间 $\mathscr{U}_j$ 中可相应求出适合

$$\begin{gathered}(\boldsymbol{A}-\lambda_j\boldsymbol{E})\boldsymbol{v}_{js1}=\boldsymbol{0}\\(\boldsymbol{A}-\lambda_j\boldsymbol{E})\boldsymbol{v}_{jsh}=\boldsymbol{v}_{js(h-1)}\\(s=1,2,\cdots,q_j,h=2,3,\cdots,n_{js})\\(\text{当 } n_{js}=1 \text{ 时,无第二式})\end{gathered}\tag{4}$$

的 q_j 个向量链,每一向量链对应于对角线元素为 $\boldsymbol{\lambda}_j$ 的一个 Jordan 子块,它们中所有向量组成空间 $\mathscr{U}_j$ 的基,把求得的 $\mathscr{U}_1,\mathscr{U}_2,\cdots,\mathscr{U}_j$ 的基

$$\boldsymbol{v}_{js1},\boldsymbol{v}_{js2},\cdots,\boldsymbol{v}_{jsn_{js}}\quad(s=1,2,\cdots,q_j,j=1,2,\cdots,k)\tag{5}$$

组成空间 $\mathbf{C}^n$ 的基. 这些基(列) 向量组成可逆矩阵 $\boldsymbol{T}$,便可反之证式(2),(1) 成立,即得证 Jordan 标准型定理,最后易知 $\dim \mathscr{U}_j = u_j$. 这比一般课本按多项式(λ -)矩阵相抵理论(颇烦琐) 较为简便. 虽不见得比用不变子空间理论及根子空间分解定理的证法简便,但如后所述,求得这些向量链组,即可写出常系数线性微分方程组(6) 的基本解组,这比一般教材中方程组(6) 的解法大为简便,给常微分方程教学提供极大方便.

又式(4) 即

$$\boldsymbol{A}\boldsymbol{v}_{js1} = \lambda_j \boldsymbol{v}_{js1}$$

$$\boldsymbol{A}\boldsymbol{v}_{jsh} = \lambda_j \boldsymbol{v}_{jsh} + \boldsymbol{v}_{js(h-1)}$$

于是易见常系数线性微分方程组(其中 $\boldsymbol{x} = (x_1, x_2, \cdots, x_n)^{\mathrm{T}}$ 为未知函数向量列)

$$\frac{\mathrm{d}}{\mathrm{d}t}x = \boldsymbol{A}x \tag{6}$$

与 Jordan 子块

$$\begin{pmatrix} \lambda_j & 1 & & & \\ & \lambda_j & 1 & & \\ & & \ddots & \ddots & \\ & & & \lambda_j & 1 \\ & & & & \lambda_j \end{pmatrix}_{n_{js}\times n_{js}}$$

相应有 n_{js} 个线性无关解

$$\boldsymbol{x} = e^{\lambda_j t} \sum_{h'=1}^{h} \frac{1}{(h-h')!} t^{h-h'} \boldsymbol{v}_{jsh'} \quad (h = 1, 2, \cdots, n_{js}) \tag{7}$$

求出与所有 Jordan 子块相应的共 n 个解便可得(6) 的基本解组(因 $t = 0$ 时所得初值向量组(各个 $\boldsymbol{v}_{jsh}$) 线性无关,即知相应 Wronski 行列式 $W(t)$ 有 $W(0) \neq 0$,从而对任何 t 有 $W(t) \neq 0$,即 n 个解向量线性无关).

一般课本中式(6) 的解法,要先求出矩阵 $\boldsymbol{A}$ 的不变因式及初等因子,从而得出相应 Jordan 矩阵 $\boldsymbol{J}$,按式(2) 用待定系数法求矩阵 $\boldsymbol{T}$ 后按式(7) 得基本解组;或从矩阵 $\boldsymbol{J}$ 知式(7) 中 t 的最高次数,把式(7) 代入式(6) 用待定系数法求 $\boldsymbol{v}_{jsh}$. 但一般情况下求 Jordan 矩阵是颇烦琐的,再用待定系数法求矩阵 $\boldsymbol{T}$ 或各向量链亦颇烦琐(课本一般只举较简的特殊例子:与每个特征根 λ_j 相应最多只有两个 1 阶 Jordan 子块或只一个 2 阶 Jordan 子块). 个别课本不先求 Jordan 标准型 $\boldsymbol{J}$,而对每个特征根 λ_j,用待定系数法求 $\boldsymbol{x} = e^{\lambda_j t}P_{n_{j-1}}(t)$ 形(附标表向量系数多项式的最大次数)之解,则待定系数个数更多,计算更烦琐.

中山大学王高雄等编的《常微分方程》解(6) 与一般课本不同:先对所有互异特征根 λ_j(n_j 重) 按

$$(\boldsymbol{A} - \lambda_j\boldsymbol{E})^{n_j}\boldsymbol{v}_j = \boldsymbol{0}$$

用待定系数法求根子空间 $\boldsymbol{u}_j$ 的向量 $\boldsymbol{v}_j$ 的通式(含 n_j 个任意常数),再按根子空间分解定理,把 n 维(复) 空间的任意向量 $\boldsymbol{u}$ 分解为

$$\boldsymbol{u} = \sum_{j=1}^{k}\boldsymbol{v}_j \tag{8}$$

从而(6) 适合初始条件

$$\boldsymbol{x}(0) = \boldsymbol{u}$$

的解(exp $\boldsymbol{At}$ 表矩阵 $\boldsymbol{At}$ 的指数函数)

$$\begin{aligned}\boldsymbol{x} &= \exp \boldsymbol{At}\cdot\boldsymbol{u}\\ &= \sum_{j=1}^{k} e^{\lambda_j t}\left[\sum_{i=0}^{n_j-1}\frac{t^i}{i!}(\boldsymbol{A} - \lambda_j\boldsymbol{E})^i\right]\cdot\boldsymbol{v}_j\end{aligned} \tag{9}$$

书中要解方程组(8) 求得各 $\boldsymbol{v}_j$ 用 $\boldsymbol{u}$ 各分量的表示式,再代入式(9) 得用初始向量 $\boldsymbol{u}$ 各分量表示的通解. 实

际上因 $\sum_{j=1}^{k} \boldsymbol{v}_j$ 用其中 $n_1 + n_2 + \cdots + n_k = n$（个）任意常数的表示式可表示 n 维空间的任意向量，故直接用这些任意常数的表示式代入式(9)即可得用这些任意常数表示的通解.

此法要先求 $\boldsymbol{A} - \lambda_j \boldsymbol{E}$ 的各次幂（直至得零矩阵为止），故在一般情况也是颇烦琐的，如用此法解 3.4 节例 1，则上述矩阵的幂的各元素数字颇大，作者亦不想尝试计算.

故本章提出的对式(6)的解法在一般情况比上述几个解法颇为简便（见 3.4 节的例）.

3.2 预备知识

如上节所述，本章不用多项式矩阵相抵理论及不变子空间理论而据根子空间分解定理（未涉及根子空间维数）证明 Jordan 标准型定理，而未涉及维数的根子空间分解定理可用 Hamilton-Cayley 定理较易直接推出. 较一般课本先论述不变子空间，再证根子空间分解定理为简. 又用上述过程推出 Jordan 标准型定理后即可直接推出根子空间维数结论及一般不变子空间的构成. 现先按上述过程论述 Hamilton-Cayley 定理及根子空间分解定理.

定理 1（Hamilton-Cayley）　设 n 阶矩阵 $\boldsymbol{A}$ 的特征多项式①

---

① 把特征矩阵 $\boldsymbol{A} - \lambda \boldsymbol{E}$（特征多项式 $\det(\boldsymbol{A} - \lambda \boldsymbol{E})$）改成 $\lambda \boldsymbol{E} - \boldsymbol{A}$（改成 $\det(\lambda \boldsymbol{E} - \boldsymbol{A})$），即特征矩阵（特征多项式）乘 -1（乘 $(-1)^n$），显然对定理结论的正确性无影响，亦不影响特征根及其重数及上节所述结论的正确性.

$$\det(\lambda\boldsymbol{E}-\boldsymbol{A})=P(\lambda)$$

则在多项式 $P(\lambda)$ 中把 λ 换成 $\boldsymbol{A}$ 所得矩阵多项式

$$P(\boldsymbol{A})=\boldsymbol{O}\quad（零矩阵）$$

证明　设

$$P(\lambda)=\lambda^n+a_1\lambda^{n-1}+a_2\lambda^{n-2}+\cdots+a_{n-1}\lambda+a_n$$

记任何矩阵的转置矩阵为 $\boldsymbol{M}^*$. 易见 $(\lambda\boldsymbol{E}-\boldsymbol{A})^*$ 的所有元素为 λ 的至多 $n-1$ 次多项式，故它们的 $n-1$，$n-2$，…，1 次项及常数项分别构成矩阵

$$\boldsymbol{C}_1\lambda^{n-1},\boldsymbol{C}_2\lambda^{n-2},\cdots,\boldsymbol{C}_{n-1}\lambda,\boldsymbol{C}_n$$

其中，$\boldsymbol{C}_1,\boldsymbol{C}_2,\cdots,\boldsymbol{C}_{n-1},\boldsymbol{C}_n$ 为常数矩阵，故

$$(\lambda\boldsymbol{E}-\boldsymbol{A})^*=\boldsymbol{C}_1\lambda^{n-1}+\boldsymbol{C}_2\lambda^{n-2}+\cdots+\boldsymbol{C}_{n-1}\lambda+\boldsymbol{C}_n$$

又因（在推导逆矩阵计算公式时先证）

$$\boldsymbol{M}\boldsymbol{M}^*=\det\boldsymbol{M}\cdot\boldsymbol{E}$$

故

$$(\lambda\boldsymbol{E}-\boldsymbol{A})(\lambda\boldsymbol{E}-\boldsymbol{A})^*=\det(\lambda\boldsymbol{E}-\boldsymbol{A})\cdot\boldsymbol{E}=P(\lambda)\cdot\boldsymbol{E}$$

即

$$\begin{aligned}&(\lambda\boldsymbol{E}-\boldsymbol{A})(\boldsymbol{C}_1\lambda^{n-1}+\boldsymbol{C}_2\lambda^{n-2}+\cdots+\boldsymbol{C}_{n-1}\lambda+\boldsymbol{C}_n)\\=&\lambda^n\boldsymbol{E}+a_1\lambda^{n-1}\boldsymbol{E}+a_2\lambda^{n-2}\boldsymbol{E}+\cdots+a_{n-1}\lambda\boldsymbol{E}+a_n\boldsymbol{E}\end{aligned}$$

比较两边的 λ 的同次项的矩阵系数得

$$\begin{aligned}\boldsymbol{C}_1&=\boldsymbol{E}\\\boldsymbol{C}_2-\boldsymbol{A}\boldsymbol{C}_1&=a_1\boldsymbol{E}\\\boldsymbol{C}_3-\boldsymbol{A}\boldsymbol{C}_2&=a_2\boldsymbol{E}\\&\vdots\\\boldsymbol{C}_n-\boldsymbol{A}\boldsymbol{C}_{n-1}&=a_{n-1}\boldsymbol{E}\\-\boldsymbol{A}\boldsymbol{C}_n&=a_n\boldsymbol{E}\end{aligned}$$

以上各式分别被 $\boldsymbol{A}^n,\boldsymbol{A}^{n-1},\boldsymbol{A}^{n-2},\cdots,\boldsymbol{A},\boldsymbol{E}$ 左乘后相加得

$$\boldsymbol{A}^n\boldsymbol{C}_1+\boldsymbol{A}^{n-1}(\boldsymbol{C}_2-\boldsymbol{A}\boldsymbol{C}_1)+\boldsymbol{A}^{n-2}(\boldsymbol{C}_3-\boldsymbol{A}\boldsymbol{C}_2)+\cdots+$$
$$\boldsymbol{A}(\boldsymbol{C}_n-\boldsymbol{A}\boldsymbol{C}_{n-1})-\boldsymbol{A}\boldsymbol{C}_n$$

$$= \boldsymbol{A}^n + a_1\boldsymbol{A}^{n-1} + a_2\boldsymbol{A}^{n-2} + \cdots + a_{n-1}\boldsymbol{A} + a_n\boldsymbol{E}$$

即

$$P(\boldsymbol{A}) = \boldsymbol{A}^n + a_1\boldsymbol{A}^{n-1} + a_2\boldsymbol{A}^{n-2} + \cdots + a_{n-1}\boldsymbol{A} + a_n\boldsymbol{E} = \boldsymbol{O}$$

引理1 设有多项式$f_1(\lambda),f_2(\lambda),\cdots,f_k(\lambda),k \geqslant 2$,则其最高公因式(最高次项系数为1)

$$(f_1(\lambda),f_2(\lambda),\cdots,f_{k-1}(\lambda),f_k(\lambda))$$
$$= ((f_1(\lambda),f_2(\lambda),\cdots,f_{k-1}(\lambda)),f_k(\lambda))$$

证明 由多项式因式分解的唯一性知,几个多项式的最高公因式等于这些多项式的共同不可约因式的“在这些多项式中的”最低次幂之积.从而易见本引理成立.

引理2 设$k \geqslant 2$,k个多项式$f_1(\lambda),f_2(\lambda),\cdots,f_k(\lambda)$,则存在多项式$g_1(\lambda),g_2(\lambda),\cdots,g_k(\lambda)$,使

$$f_1(\lambda)g_1(\lambda) + f_2(\lambda)g_2(\lambda) + \cdots + f_k(\lambda)g_k(\lambda)$$
$$= (f_1(\lambda),f_2(\lambda),\cdots,f_k(\lambda))$$

证明 对k用归纳法.

$k=2$时一般课本已证结论成立;

设引理结论对$k-1 \geqslant 2$成立,证结论对k亦成立:

设

$$d_s(\lambda) = (f_1(\lambda),f_2(\lambda),\cdots,f_s(\lambda)) \quad (s=1,2,\cdots,k)$$

由引理结论对$k=2$成立知存在多项式$g^*(\lambda),g_k(\lambda)$适合

$$d_{k-1}(\lambda)g^*(\lambda) + f_k(\lambda)g_k(\lambda)$$
$$= (d_{k-1}(\lambda),f_k(\lambda)) = d_k(\lambda) \quad (\text{据引理 }1)$$

再由归纳假设知存在多项式$h_1(\lambda),h_2(\lambda),\cdots,h_{k-1}(\lambda)$适合

$$f_1(\lambda)h_1(\lambda) + f_2(\lambda)h_2(\lambda) + \cdots + f_{k-1}(\lambda)h_{k-1}(\lambda)$$
$$= d_{k-1}(\lambda)$$

代入上式,得

$$f_1(\lambda)h_1(\lambda)g^*(\lambda)+f_2(\lambda)h_2(\lambda)g^*(\lambda)+\cdots+$$
$$f_{k-1}(\lambda)h_{k-1}(\lambda)g^*(\lambda)+f_k(\lambda)g_k(\lambda)$$
$$=d_k(\lambda)$$

故知引理结论对 k 成立,其中

$$g_s(\lambda)=h_s(\lambda)g^*(\lambda)\quad(s=1,2,\cdots,k-1)$$

定理 2(根子空间分解定理,未涉及根子空间维数)　设 n 阶矩阵 $\boldsymbol{A}$ 的互异特征根为 $\lambda_j(j=1,2,\cdots,k)$,其重数为 n_j,与 λ_j 相应的根子空间

$$\mathscr{U}_j=\{\boldsymbol{u}\in\mathbf{C}^n\mid(\boldsymbol{A}-\lambda_j\boldsymbol{E})^{n_j}\boldsymbol{u}=\boldsymbol{0}\}$$

则复数 n 维列向量空间($\oplus$ 表子空间直接和)

$$\mathbf{C}^n=\mathscr{U}_1\oplus\mathscr{U}_2\oplus\cdots\oplus\mathscr{U}_k$$

证明　记多项式

$$P(\lambda)=\det(\lambda\boldsymbol{E}-\boldsymbol{A})=\prod_{j=1}^{k}(\lambda-\lambda_j)^{n_j}$$

$$P_j(\lambda)=\prod_{j'\in\{1,2,\cdots,k\}\setminus\{j\}}(\lambda-\lambda_{j'})^{n_{j'}}$$

则

$$(\lambda-\lambda_j)^{n_j}P_j(\lambda)=P(\lambda)$$

又由 Hamilton-Cayley 定理得

$$(\boldsymbol{A}-\lambda_j\boldsymbol{E})^{n_j}P_j(\boldsymbol{A})=P(\boldsymbol{A})=\boldsymbol{O}$$

现先证(不一定是直接和)

$$\mathbf{C}^n=\mathscr{U}_1+\mathscr{U}_2+\cdots+\mathscr{U}_k\tag{1}$$

易见

$$(P_1(\lambda),P_2(\lambda),\cdots,P_k(\lambda))=1$$

由引理 2 知存在多项式 $Q_1(\lambda),Q_2(\lambda),\cdots,Q_k(\lambda)$ 适合

$$P_1(\lambda)Q_1(\lambda)+P_2(\lambda)Q_2(\lambda)+\cdots+P_k(\lambda)Q_k(\lambda)=1$$

从而

$$\sum_{j=1}^{k} P_j(\boldsymbol{A})Q_j(\boldsymbol{A})=\boldsymbol{E}$$

于是对任何 $\boldsymbol{v}\in\mathbf{C}^n$ 有

$$\boldsymbol{v}=\sum_{j=1}^{k} P_j(\boldsymbol{A})Q_j(\boldsymbol{A})\boldsymbol{v}$$

而

$$(\boldsymbol{A}-\lambda_j\boldsymbol{E})^{n_j}(P_j(\boldsymbol{A})Q_j(\boldsymbol{A})\boldsymbol{v})=\boldsymbol{O}Q_j(\boldsymbol{A})\boldsymbol{v}=\boldsymbol{0}$$

即

$$P_j(\boldsymbol{A})Q_j(\boldsymbol{A})\boldsymbol{v}\in\boldsymbol{u}_j$$

故式(1)成立.

再证式(1)是直接和,这只要证,当

$$\boldsymbol{0}=\sum_{j'=1}^{k}\boldsymbol{u}_{j'}\quad(\boldsymbol{u}_{j'}\in\mathscr{U}_{j'})\tag{2}$$

时,$\boldsymbol{u}_1=\boldsymbol{u}_2=\cdots=\boldsymbol{u}_k=\boldsymbol{0}$:因

$$P_j(\boldsymbol{A})=\sum_{j'\in\{1,2,\cdots,k\}\setminus\{j\}}(\boldsymbol{A}-\lambda_{j'}\boldsymbol{E})^{n_{j'}}$$

且各幂矩阵 $\boldsymbol{A}$ 的多项式可变换,易见对 $j=1,2,\cdots,k$,有

$$P_j(\boldsymbol{A})\boldsymbol{u}_{j'}=\boldsymbol{0}\quad(j'\in\{1,2,\cdots,k\}\setminus\{j\})$$

(因 $\boldsymbol{u}_{j'}\in\mathscr{U}_{j'}$,$(\boldsymbol{A}-\lambda_{j'}\boldsymbol{E})\boldsymbol{u}_{j'}=\boldsymbol{0}$). 式(2)两边被 $P_j(\boldsymbol{A})$ 左乘得

$$P_j(\boldsymbol{A})\boldsymbol{u}_j=\boldsymbol{0}$$

又因 $(\lambda-\lambda_j)^{n_j}$ 与 $P_j(\lambda)$ 互素,故存在多项式 $\widetilde{Q}(\lambda)$,$\widetilde{\widetilde{Q}}(\lambda)$ 适合

$$\widetilde{Q}(\lambda)(\lambda-\lambda_j)^{n_j}+\widetilde{\widetilde{Q}}(\lambda)P_j(\lambda)=1$$

从而

$$\widetilde{Q}(\boldsymbol{A})(\boldsymbol{A}-\lambda_j\boldsymbol{E})^{u_j}+\widetilde{\widetilde{Q}}(\boldsymbol{A})P_j(\boldsymbol{A})=\boldsymbol{E}$$

$$\boldsymbol{u}_j=\widetilde{Q}(\boldsymbol{A})(\boldsymbol{A}-\lambda_j\boldsymbol{E})^{u_j}+\widetilde{\widetilde{Q}}(\boldsymbol{A})P_j(\boldsymbol{A})\boldsymbol{u}_j=\boldsymbol{0}$$

证毕.

推论　设 $n'_j=\dim \mathscr{U}_j$,则

$$n'_1+n'_2+\cdots+n'_k=n$$

现再论述矩阵 $\boldsymbol{A}$ 与特征根 λ_j 相应的向量链组的性质及其他结论.

定理3　设矩阵$\boldsymbol{A}$及其特征根λ_j如同定理2,对每个 λ_j,在线性空间

$$\mathscr{M}_{jm'_j}=\{\boldsymbol{u}\in\mathbf{C}^n \mid (\boldsymbol{A}-\lambda_j\boldsymbol{E})^{m'_j}\boldsymbol{u}=\boldsymbol{0}\}$$

(未肯定包含于空间 $\mathscr{U}_j$) 取(在复数域$\mathbf{C}$) 线性无关向量组

$$\boldsymbol{v}_{j1},\boldsymbol{v}_{j2},\cdots,\boldsymbol{v}_{jp_j}$$

则这 k 个向量组的全部向量线性无关.

证明　取多项式

$$P^*(\lambda)=\prod_{j=1}^{k}(\lambda-\lambda_j)^{m'_j}$$

$$P_j^*(\lambda)=\prod_{j'\in\{1,2,\cdots,k\}\setminus\{j\}}(\lambda-\lambda_{j'})^{m'_{j'}}$$

与证(1) 为直接和类似可证,当

$$\sum_{j=1}^{k}\sum_{s=1}^{m'_j}\alpha_{js}\boldsymbol{v}_{js}=\boldsymbol{0}\quad(\alpha_{js}\text{ 为常数})$$

时

$$\sum_{s=1}^{m'_j}\alpha_{js}\boldsymbol{v}_{js}=\boldsymbol{0}\quad(j=1,2,\cdots,k)$$

再从这些 $\boldsymbol{v}_{js}$ 线性无关知所有 $\alpha_{js}=0$,定理证毕.

定理4 设矩阵 $\boldsymbol{A}$ 与特征根 λ_j 相应的向量链组第 3.1 节的式(5) 中的首项(非零)

$$\boldsymbol{v}_{js1} \quad (s = 1,2,\cdots,q_j)$$

(在复数域 $\mathbf{C}$) 线性无关,则式(5) 中所有向量链的全部向量线性无关.

特例 式(5) 的每一向量链的向量 $\boldsymbol{v}_{js1},\boldsymbol{v}_{js2},\cdots,\boldsymbol{v}_{jsn_{js}}$ 线性无关.

证明 设式(5) 中各向量链所含向量的最大个数

$$\max\{n_{j1},n_{j2},\cdots,n_{jq_j}\} = m_j$$

对 m_j 用归纳法.

对 $m_j = 1$ 时的任何上述向量链组,其每个向量链只含一个向量(首项),所有向量链的全部向量都是首项,定理结论显然成立.

设对任何上述向量链组中各向量链所含向量的最大个数为 m 时定理结论成立,证此最大个数改成 $m+1$ 时定理结论仍成立即可:若这时所有向量链的全部向量的线性组合为零向量, 此线性组合等式(记为(2.a))两边被矩阵 $\boldsymbol{A}-\lambda_j\boldsymbol{E}$ 左乘后所得的等式除去其中的零向量项(即 $\boldsymbol{A}-\lambda_j\boldsymbol{E}$ 乘原每个向量链的首项),则所得各(非零) 向量链所含(非零) 向量个数都减少 1,故它们所含(非零) 向量最大个数改成 m,而它们的线性组合(取原来系数) 为零向量,按归纳假设所有这些非零向量线性无关,故它们的上述系数全为 0,从而原来的线性组合等式(2.a) 实际是所有原向量链的首项的线性组合为零向量,再由假设这些首项线性无关知其系数也全为 0,即所有向量链的全部向量线性无关. 证毕.

定理 5　设 n 维列向量 $\boldsymbol{v}_1,\boldsymbol{v}_2,\cdots,\boldsymbol{v}_m$ 线性无关，则其满秩线性组合系（即下式系数矩阵 $\boldsymbol{C}$ 之秩为 p），其各行向量 $(c_{s1},c_{s2},\cdots,c_{sm})$ $(s=1,2,\cdots,p)$ 线性无关

$$\begin{aligned}\boldsymbol{w}_1 &= c_{11}\boldsymbol{v}_1 + c_{12}\boldsymbol{v}_2 + \cdots + c_{1m}\boldsymbol{v}_m\\ \boldsymbol{w}_2 &= c_{21}\boldsymbol{v}_1 + c_{22}\boldsymbol{v}_2 + \cdots + c_{2m}\boldsymbol{v}_m\\ &\vdots\\ \boldsymbol{w}_p &= c_{p1}\boldsymbol{v}_1 + c_{p2}\boldsymbol{v}_2 + \cdots + c_{pm}\boldsymbol{v}_m\end{aligned}$$

必线性无关.

证明　否则 $\boldsymbol{w}_1,\boldsymbol{w}_2,\cdots,\boldsymbol{w}_p$ 线性相关，即存在不全为 0 的常数 $d_1,d_2,\cdots,d_p$ 使

$$\sum_{h=1}^{p} d_h\boldsymbol{w}_h = \sum_{h=1}^{p} d_h\left(\sum_{s=1}^{m} c_{hs}\boldsymbol{v}_s\right) = \boldsymbol{0}$$

即

$$\sum_{s=1}^{m}\left(\sum_{h=1}^{p} c_{hs}d_h\right)\boldsymbol{v}_s = \boldsymbol{0}$$

但 $\boldsymbol{v}_1,\boldsymbol{v}_2,\cdots,\boldsymbol{v}_m$ 线性无关，故

$$\begin{aligned}c_{11}d_1 + c_{21}d_2 + \cdots + c_{p1}d_p &= 0\\ c_{12}d_1 + c_{22}d_2 + \cdots + c_{p2}d_p &= 0\\ &\vdots\\ c_{1m}d_1 + c_{2m}d_2 + \cdots + c_{pm}d_p &= 0\end{aligned}$$

此对 $d_1,d_2,\cdots,d_p$ 的齐线性方程组有非零解，故其系数矩阵（$\boldsymbol{C}$ 之转置矩阵 $\boldsymbol{C}^{\mathrm{T}}$）之秩

$$\operatorname{rank}\boldsymbol{C}^{\mathrm{T}} < p$$

从而

$$\operatorname{rank}\boldsymbol{C} = \operatorname{rank}\boldsymbol{C}^{\mathrm{T}} < p$$

与假设矛盾. 证毕.

3.3 向量链组的计算过程、原理及结论

设 n 阶矩阵 $\boldsymbol{A}$ 的互异特征根 $\lambda_j(j=1,2,\cdots,k)$，重数为 n_j，求相应的向量链组.

记线性空间

$$\mathscr{M}_{jh}=\{\boldsymbol{u}\in\mathbf{C}^n \mid (\boldsymbol{A}-\lambda_j\boldsymbol{E})^h\boldsymbol{u}=\boldsymbol{0}\}$$

显然

$$\mathscr{M}_{j1}\subset\mathscr{M}_{j2}\subset\mathscr{M}_{j3}\subset\cdots\subset\mathscr{M}_{jn_j}=\mathscr{U}_j$$

Ⅰ. 先逐次求 $\mathscr{M}_{j1},\mathscr{M}_{j2},\cdots,\mathscr{M}_{jn_j}$ 的套形基（前者的基是后者的基的一部分）.

Ⅰ.1 求 $\mathscr{M}_{j1}$ 的基：

解方程组

$$(\boldsymbol{A}-\lambda_j\boldsymbol{E})\boldsymbol{u}=\boldsymbol{0}$$

对矩阵 $\boldsymbol{A}-\lambda_j\boldsymbol{E}$ 进行初等行变换得简阶梯形矩阵①

$$\left.\begin{pmatrix} 1 & \cdots & 0 & \cdots & 0 & \cdots & 0 & \cdots \\ & & 1 & \cdots & 0 & \cdots & 0 & \cdots \\ & & & & 1 & \cdots & 0 & \cdots \\ & & & & & \cdots & \cdots & \cdots \\ & & & & & & 1 & \cdots \\ & & & & & & & \\ \end{pmatrix}\right\} r\text{ 行}$$

$$r=\operatorname{rank}(\boldsymbol{A}-\lambda_j\boldsymbol{E})<n$$

（因 $\det(\boldsymbol{A}-\lambda_j\boldsymbol{E})=0$，故 $r<n$）.

---

① 先把 $\boldsymbol{A}-\lambda_j\boldsymbol{E}$ 进行初等行变换得阶梯形矩阵（非省略号内的 1 所在列不一定为单位向量），再逐次用初等行变换把 $2,3,\cdots,r$ 行中非省略内的 1 所在列的其他元素化为 0.

$r=0$ 时,$\boldsymbol{A}-\lambda_j\boldsymbol{E}=\boldsymbol{0}$,$\boldsymbol{A}=\lambda_j\boldsymbol{E}$ 即 Jordan 矩阵,取 $\boldsymbol{T}=\boldsymbol{E}$,则 $\boldsymbol{T}^{-1}\boldsymbol{A}\boldsymbol{T}=\lambda_j\boldsymbol{E}$.

$r>0$ 时上述简阶梯形矩阵 $\boldsymbol{A}$ 除各单位列向量外,其余列向量所乘的 $\boldsymbol{u}$ 之分量为自由未知量,共 $n-r\triangleq q_j$ 个,$0<q_j<n$,得 q_j 个解向量构成基础解组,即 $\mathscr{M}_{j1}$ 的基[①]

$$\boldsymbol{v}_{j\xi'_1 1},\boldsymbol{v}_{j\xi'_2 1},\cdots,\boldsymbol{v}_{j\xi'_{q_j}1} \tag{1}$$

其中,$\xi'_1,\xi'_2,\cdots,\xi'_{q_j}$ 为 $1,2,\cdots,n$ 的子序列,是作为自由未知量的 $\boldsymbol{u}_{\xi'_1},\boldsymbol{u}_{\xi'_2},\cdots,\boldsymbol{u}_{\xi'_{q_j}}$ 的附标,即非单位向量列的序号. 如设单位列向量 $(0,1,0,\cdots,0)^{\mathrm{T}}$ 在第 m 列,第 $m+1$ 列为 $(\alpha,\beta,0,\cdots,0)^{\mathrm{T}}$,则得 $\mathscr{M}_{j1}$ 的一个(乘自由未知量 $\boldsymbol{u}_{m+1}$ 的)基向量为

$$(-\alpha,-\beta,0,\cdots,0,\underset{\substack{\uparrow\\ \text{第}m+1\text{个}}}{1},0,\cdots,0)^{\mathrm{T}}$$

Ⅰ.2 [②]求 $\mathscr{M}_{j2}$ 的基:

对任何 $\boldsymbol{u}\in\mathscr{M}_{j2}$,易见 $(\boldsymbol{A}-\lambda_j\boldsymbol{E})\boldsymbol{u}\in\mathscr{M}_{j1}$,故 $(\boldsymbol{A}-\lambda_j\boldsymbol{E})\boldsymbol{u}$ 为上述空间 $\mathscr{M}_{j1}$ 的基的线性组合,于是

$$(\boldsymbol{A}-\lambda_j\boldsymbol{E})\boldsymbol{u}=\boldsymbol{v}_{j\xi'_1 1}\beta_{\xi'_1}+\boldsymbol{v}_{j\xi'_2 1}\beta_{\xi'_2}+\cdots+\boldsymbol{v}_{j\xi'_{q_{j1}}1}\beta_{\xi'_{q_{j1}}} \tag{2}$$

---

① 从简阶梯形矩阵所代表的线性方程组直接可得用所有自由未知量表示全部未知量($\boldsymbol{u}$ 的全部分量)的表示式(如对自由未知量 $\boldsymbol{u}_2$ 用 $\boldsymbol{u}_2=\boldsymbol{u}_2$ 表示),再把这些表示式写成向量形式

$$\boldsymbol{u}=\boldsymbol{v}_{j\xi'_1 1}\boldsymbol{u}_{\xi'_1}+\boldsymbol{v}_{j\xi'_2 1}\boldsymbol{u}_{\xi'_2}+\cdots+\boldsymbol{v}_{j\xi'_{q_j}}\boldsymbol{u}_{\xi'_q}$$

② 实际上当 $q_j=n_j$ 时已得空间 $\mathscr{U}_j$ 的基,但因未证 $\dim\mathscr{U}_j=n_j$,故仍继续计算及论证.

其中，$\beta_{\xi'_1},\beta_{\xi'_2},\cdots,\beta_{\xi'_{q_{j1}}}$ 为待定系数，解此方程组求 $\boldsymbol{u}$ 的各分量及 $\beta_{\xi'_1},\beta_{\xi'_2},\cdots,\beta_{\xi'_{q_j}}$：对其系数矩阵

$$(\boldsymbol{A}-\lambda_j\boldsymbol{E}\quad \boldsymbol{v}_{j\xi'_1 1}\quad \boldsymbol{v}_{j\xi'_2 1}\cdots\boldsymbol{v}_{j\xi'_{q_j}1}) \tag{3}$$

先进行前述与对 $\boldsymbol{A}-\lambda_j\boldsymbol{E}$ 一样的初等行变换，即对(3)进行初等行变换时第一步不必对其前 n 列重新计算，再继续（实际对(3)中已改变的后 q_j 列）进行前述（对前 n 列）同样的初等行变换，把(3)化成简阶梯形矩阵（计算表格见下节中各例）

$$n\text{行}\left\{\left(\begin{array}{ccc:ccc}
\multicolumn{3}{c:}{\overbrace{\qquad\qquad\qquad}^{n\text{列}}} & \multicolumn{3}{c}{\overbrace{\qquad\qquad\qquad}^{q_j\text{列}}} \\
1\cdots0\cdots0 & \cdots & 0\cdots & \cdots0\cdots0\cdots0 & \cdots & 0\cdots \\
1\cdots0 & \cdots & 0\cdots & \cdots0\cdots0\cdots0 & \cdots & 0\cdots \\
1 & \cdots & 0\cdots & \cdots0\cdots0\cdots0 & \cdots & 0\cdots \\
 & \ddots & \vdots & \vdots\quad\vdots\quad\vdots & & \vdots \\
 & & 1\cdots & \cdots0\cdots0\cdots0 & \cdots & 0\cdots \\
\hdashline
 & & & \cdots1\cdots0\cdots0 & \cdots & 0\cdots \\
 & & & 1\cdots0 & \cdots & 0\cdots \\
 & & & 1 & \cdots & 0\cdots \\
 & & & & \ddots & \vdots \\
 & & & & & 1\cdots
\end{array}\right)\right.\begin{array}{l} \\ \left.\right\}r\text{行} \\ \\ \left.\right\}r'\text{行} \\ \\ \end{array} \tag{4}$$

最后 r' 个非零行表示待定系数 $\beta_{\xi'_1},\beta_{\xi'_2},\cdots,\beta_{\xi'_{j_q}}$ 所适合的齐线性方程组（记为(3. a)的系数）.

由此简阶梯形矩阵所代表的方程组易得通解

$$\begin{pmatrix}u\\ \beta_{\xi'_1}\\ \beta_{\xi'_2}\\ \vdots\\ \beta_{\xi'_{q_{j_1}}}\end{pmatrix}=\begin{pmatrix}\boldsymbol{v}_{j\xi'_1 1}\\ 0\\ 0\\ \vdots\\ 0\end{pmatrix}u_{\xi'_1}+\begin{pmatrix}\boldsymbol{v}_{j\xi'_2 1}\\ 0\\ 0\\ \vdots\\ 0\end{pmatrix}u_{\xi'_2}+\cdots+\begin{pmatrix}\boldsymbol{v}_{j\xi'_{q_j}1}\\ 0\\ 0\\ \vdots\\ 0\end{pmatrix}u_{\xi'_{q_j}}+$$

$$\begin{pmatrix} \boldsymbol{v}_{j\xi''_1 2} \\ \beta_{11} \\ \beta_{21} \\ \vdots \\ \beta_{q_j 1} \end{pmatrix} \beta_{\xi''_1} + \begin{pmatrix} \boldsymbol{v}_{j\xi''_2 2} \\ \beta_{12} \\ \beta_{22} \\ \vdots \\ \beta_{q_j 2} \end{pmatrix} \beta_{\xi''_2} + \cdots + \begin{pmatrix} \boldsymbol{v}_{j\xi''_{q_{j2}} 2} \\ \beta_{1q_{j2}} \\ \beta_{2q_{j2}} \\ \vdots \\ \beta_{q_{j1} q_{j2}} \end{pmatrix} \beta_{\xi''_{q_{j2}}}$$

$$(0 \leqslant q_{j2} = q_j - r' \leqslant q_j)$$

其中，$\xi''_1, \xi''_2, \cdots, \xi''_{q_{j2}}$ 为 $\xi'_1, \xi'_2, \cdots, \xi'_{q_j}$ 的子序列，为 $\beta_{\xi'_1}, \beta_{\xi'_2}, \cdots, \beta_{\xi'_{q_j}}$ 中可作为自由未知量者的附标，即上一矩阵后 q_j 列中非单位向量列的序号. 以后证

$$\boldsymbol{v}_{j\xi'_1 1}, \boldsymbol{v}_{j\xi'_2 1}, \cdots, \boldsymbol{v}_{j\xi'_{q_j} 1}, \boldsymbol{v}_{j\xi''_1 2}, \cdots, \boldsymbol{v}_{j\xi''_{q_{j2}} 2} \tag{5}$$

线性无关，从而为空间 $\mathscr{M}_{j2}$ 的基. 其中除空间 $\mathscr{M}_{j1}$ 的基的前 q_j 个向量（当 $\beta_{\xi'_1} = \beta_{\xi'_2} = \cdots = \beta_{\xi'_{q_j}} = 0$，即(2) 右边为 0 时 $\boldsymbol{u}$ 的基本解组）外尚有 $\boldsymbol{v}_{j\xi''_1 2}, \boldsymbol{v}_{j\xi''_2 2}, \cdots,$ $\boldsymbol{v}_{j\xi''_{q_{j2}} 2}$（分别当(2) 右边的 $\begin{pmatrix} \beta_{\xi'_1} \\ \beta_{\xi'_2} \\ \vdots \\ \beta_{\xi'_{q_{j1}}} \end{pmatrix}$ 等于(3. a) 的基本解组

$$\begin{pmatrix} \beta_{11} \\ \beta_{21} \\ \vdots \\ \beta_{q_j 1} \end{pmatrix}, \begin{pmatrix} \beta_{12} \\ \beta_{22} \\ \vdots \\ \beta_{q_j 2} \end{pmatrix}, \cdots, \begin{pmatrix} \beta_{1q_{j2}} \\ \beta_{2q_{j2}} \\ \vdots \\ \beta_{q_j q_{j2}} \end{pmatrix}$$

时(2) 对 u 的解）. 因(3. a) 的此基本解组非零向量，从而因 $\boldsymbol{v}_{j\xi'_1 1}, \boldsymbol{v}_{j\xi'_2 1}, \cdots, \boldsymbol{v}_{j\xi'_{q_j} 1}$ 线性无关，故它们取 $\beta_{\xi'_1}$，$\beta_{\xi'_2}, \cdots, \beta_{\xi'_{q_j}}$ 的上述基本解组为系数的线性组合非零

向量,即(由(2))

$$(\boldsymbol{A}-\lambda_j\boldsymbol{E})\boldsymbol{v}_{j\xi''_s 2}\neq\boldsymbol{0}\quad(s=1,2,\cdots,q_{j2})$$

故这些

$$\boldsymbol{v}_{j\xi''_s 2}\in\mathscr{M}_{j2}\setminus\mathscr{M}_{j1}$$

它们由矩阵(4)的后 q_j 列中前 r' 行省略号中的 q_{j2} 个向量而定,如要写出上述后 q_j 列中省略号内第1列前 r 行所确定的 $\boldsymbol{v}_{j\xi'_1 2}$:设矩阵(4)第 m 行($m=1,2,\cdots,r$)中(非省略号内)的1在第 p_m 列,则 $\boldsymbol{v}_{j\xi'_1 2}$ 的第 p_m 个元素就等于上述第1列的第 m 个元素,$\boldsymbol{v}_{j\xi'_1 2}$ 的其余元素为0.

$r'=0$ 时,$q_{j2}=q_j$,$\beta_{\xi'_1},\beta_{\xi'_2},\cdots,\beta_{\xi'_{q_j}}$ 可为任意常数,矩阵(4)后 q_j 列中不存在 r' 行及非省略号所示的单位列向量,后 q_j 列与前 n 列一样除前 r 行外其余各行元素全为0.

$r'=q_j$ 时,$q_{j2}=0$,于是矩阵后 q_j 列的所示后 r' 个非零行构成 q_j 阶单位矩阵,表示 $\beta_{\xi'_1}=\beta_{\xi'_2}=\cdots=\beta_{\xi'_{q_j}}=0$,方程组(2)仅当右边为零向量时对 $\boldsymbol{u}$ 有解,即空间 $\mathscr{M}_{j2}$ 的基只由空间 $\mathscr{M}_{j1}$ 的基所组成(不必补充新的基向量),$\mathscr{M}_{j2}=\mathscr{M}_{j1}$. 这时若再求空间 $\mathscr{M}_{j3}$ 的基,因对任何 $\boldsymbol{u}\in\mathscr{M}_{j3}$,易见 $(\boldsymbol{A}-\lambda_j\boldsymbol{E})\boldsymbol{u}\in\mathscr{M}_{j2}=\mathscr{M}_{j1}$,同样知 $\mathscr{M}_{j3}=\mathscr{M}_{j1}$,继续论证知

$$\mathscr{U}_j=\mathscr{M}_{jn_j}=\mathscr{M}_{j1}$$

即已求得 $\mathscr{U}_j=\mathscr{M}_{j1}$ 的向量链组基.

若 $r'<q_j$,即 $q_{j2}>0$,则再进行下一步①.

Ⅰ.3　求空间 $\mathscr{M}_{j3}$ 的基.

因对任何 $\boldsymbol{u}\in\mathscr{M}_{j3}$,易见 $(\boldsymbol{A}-\lambda_j\boldsymbol{E})\boldsymbol{u}\in\mathscr{M}_{j2}$,故

① 当 $q_j+q_{j2}=n_j$ 时,实际上已得空间 $\mathscr{U}_j$ 的基,但因未证 $\dim\mathscr{U}_j=n_j$,故仍继续计算及论证.

$$(\boldsymbol{A}-\lambda_j\boldsymbol{E})\boldsymbol{u}=\boldsymbol{v}_{j\xi'_1 1}\beta_{\xi'_1}+\boldsymbol{v}_{j\xi'_2 1}\beta_{\xi'_2}+\cdots+\boldsymbol{v}_{j\xi'_{q_j}1}\beta_{\xi'_{q_j}}+$$
$$\boldsymbol{v}_{j\xi''_1 2}\widetilde{\beta}_{\xi''_1}+\boldsymbol{v}_{j\xi''_2 2}\widetilde{\beta}_{\xi''_2}+\cdots+\boldsymbol{v}_{j\xi''_{q_{j2}}2}\widetilde{\beta}_{\xi''_{q_{j2}}} \tag{6}$$

其中,$\beta_{\xi'_1},\beta_{\xi'_2},\cdots,\beta_{\xi'_{q_j}},\widetilde{\beta}_{\xi''_1},\widetilde{\beta}_{\xi''_2},\cdots,\widetilde{\beta}_{\xi''_{q_{j2}}}$ 为待定系数.解此方程组求 $\boldsymbol{u}$ 的各分量及上述待定系数.对矩阵

$$(\boldsymbol{A}-\lambda_j\boldsymbol{E}\quad \boldsymbol{v}_{j\xi'_1 1}\quad \boldsymbol{v}_{j\xi'_2 1}\cdots\boldsymbol{v}_{j\xi'_{q_j}1}\quad \boldsymbol{v}_{j\xi''_1 2}\cdots\boldsymbol{v}_{j\xi''_{q_{j2}}2})$$

先进行与Ⅰ.2同样的初等行变换(即其前 $n+q_j$ 列不必重新计算)后,(实际对已改变的最后 q_{j2} 列)再进行初等行变换,使其成为简阶梯形矩阵

$$n\text{行}\left\{\overbrace{\left(\begin{array}{c:c:c}
\begin{matrix}1\cdots0\cdots0\cdots0\cdots0\cdots\\ \quad 1\quad 0\cdots0\cdots0\cdots\\ \qquad 1\cdots0\cdots0\cdots\\ \qquad\quad \ddots\ \vdots\\ \qquad\qquad 1\cdots\end{matrix} & \begin{matrix}0\cdots0\cdots0\cdots0\cdots\\ 0\cdots0\cdots0\cdots0\cdots\\ 0\cdots0\cdots0\cdots0\cdots\\ \vdots\quad\vdots\quad\vdots\quad\vdots\\ 0\cdots0\cdots0\cdots0\cdots\end{matrix} & \begin{matrix}0\cdots0\cdots0\cdots0\cdots\\ 0\cdots0\cdots0\cdots0\cdots\\ 0\cdots0\cdots0\cdots0\cdots\\ \vdots\quad\vdots\quad\vdots\quad\vdots\\ 0\cdots0\cdots0\cdots0\cdots\end{matrix}\\ \hdashline
 & \begin{matrix}1\cdots0\cdots0\cdots0\cdots\\ \quad 1\cdots0\cdots0\cdots\\ \qquad 1\cdots0\cdots\\ \qquad\quad \ddots\ \vdots\\ \qquad\qquad 1\cdots\end{matrix} & \begin{matrix}0\cdots0\cdots0\cdots0\cdots\\ 0\cdots0\cdots0\cdots0\cdots\\ 0\cdots0\cdots0\cdots0\cdots\\ \vdots\quad\vdots\quad\vdots\quad\vdots\\ 0\cdots0\cdots0\cdots0\cdots\end{matrix}\\ \hdashline
 & & \begin{matrix}1\cdots0\cdots0\cdots0\cdots\\ \quad 1\cdots0\cdots0\cdots\\ \qquad 1\cdots0\cdots\\ \qquad\quad \ddots\ \vdots\\ \qquad\qquad 1\cdots\end{matrix}
\end{array}\right)}^{n\text{列}\qquad\qquad q_j\text{列}\qquad\qquad q_{j2}\text{列}}\right.\begin{matrix}\}r\text{行}\\ \\ \}r'\text{行}\\ \\ \}r''\text{行}\end{matrix}$$

非零行的最后 r'' 行($0\leqslant r''\leqslant q_{j2}$)代表待定系数 $\widetilde{\beta}_{\xi''_1},\widetilde{\beta}_{\xi''_2},\cdots,\widetilde{\beta}_{\xi''_{q_{j2}}}$ 所适合的方程(记为(3.b)),非零行的最后 $r'+r''$ 行代表待定系数 $\beta_{\xi'_1},\beta_{\xi'_2},\cdots,\beta_{\xi'_{q_j}},\widetilde{\beta}_{\xi''_1},\widetilde{\beta}_{\xi''_2},\cdots,\widetilde{\beta}_{\xi''_{q_{j2}}}$ 所适合的方程组(记为(3.c)).

由此可得 $\boldsymbol{u},\beta_{\xi'_1},\beta_{\xi'_2},\cdots,\beta_{\xi'_{q_j}},\widetilde{\beta}_{\xi''_1},\widetilde{\beta}_{\xi''_2},\cdots,\widetilde{\beta}_{\xi''_{q_{j2}}}$ 的通解

$$
\begin{aligned}
\begin{pmatrix} \boldsymbol{u} \\ \beta_{\xi'_1} \\ \beta_{\xi'_2} \\ \vdots \\ \beta_{\xi'_{q_j}} \\ \widetilde{\beta}_{\xi''_1} \\ \widetilde{\beta}_{\xi''_2} \\ \vdots \\ \widetilde{\beta}_{\xi''_{q_{j2}}} \end{pmatrix}
= & \begin{pmatrix} \boldsymbol{v}_{j\xi'_1 1} \\ 0 \\ 0 \\ \vdots \\ 0 \\ 0 \\ 0 \\ \vdots \\ 0 \end{pmatrix} u_{\xi'_1} + \begin{pmatrix} \boldsymbol{v}_{j\xi'_2 1} \\ 0 \\ 0 \\ \vdots \\ 0 \\ 0 \\ 0 \\ \vdots \\ 0 \end{pmatrix} u_{\xi'_2} + \cdots + \begin{pmatrix} \boldsymbol{v}_{j\xi'_{q_j} 1} \\ 0 \\ 0 \\ \vdots \\ 0 \\ 0 \\ 0 \\ \vdots \\ 0 \end{pmatrix} u_{\xi'_{q_j}} + \\
& \begin{pmatrix} \boldsymbol{v}_{j\xi''_1 2} \\ \beta_{11} \\ \beta_{21} \\ \vdots \\ \beta_{q_j 1} \\ 0 \\ 0 \\ \vdots \\ 0 \end{pmatrix} \beta_{\xi''_1} + \begin{pmatrix} \boldsymbol{v}_{j\xi''_2 2} \\ \beta_{12} \\ \beta_{22} \\ \vdots \\ \beta_{q_j 2} \\ 0 \\ 0 \\ \vdots \\ 0 \end{pmatrix} \beta_{\xi''_2} + \cdots + \begin{pmatrix} \boldsymbol{v}_{j\xi''_{q_{j2}} 2} \\ \beta_{1q_{j2}} \\ \beta_{2q_{j2}} \\ \vdots \\ \beta_{q_j q_{j2}} \\ 0 \\ 0 \\ \vdots \\ 0 \end{pmatrix} \beta_{\xi''_{q_{j2}}} + \\
& \begin{pmatrix} \boldsymbol{v}_{j\xi'''_1 3} \\ r_{11} \\ r_{21} \\ \vdots \\ r_{q_j 1} \\ \beta'_{11} \\ \beta'_{21} \\ \vdots \\ \beta'_{q_{j2} 1} \end{pmatrix} \widetilde{\beta}_{\xi'''_1} + \begin{pmatrix} \boldsymbol{v}_{j\xi'''_2 3} \\ r_{12} \\ r_{22} \\ \vdots \\ r_{q_j 2} \\ \beta'_{12} \\ \beta'_{22} \\ \vdots \\ \beta'_{q_{j2} 2} \end{pmatrix} \widetilde{\beta}_{\xi'''_2} + \cdots + \begin{pmatrix} \boldsymbol{v}_{j\xi'''_{q_{j3}} 3} \\ r_{1q_{j3}} \\ r_{2q_{j3}} \\ \vdots \\ r_{q_j q_{j3}} \\ \beta'_{1q_{j3}} \\ \beta'_{2q_{j3}} \\ \vdots \\ \beta'_{q_{j2} q_{j3}} \end{pmatrix} \widetilde{\beta}_{\xi'''_{q_{j3}}}
\end{aligned}
$$

($\xi'''_1,\xi'''_2,\cdots,\xi'''_{q_{j3}}$ 为 $\xi''_1,\xi''_2,\cdots,\xi''_{q_{j2}}$ 的子序列，即 $\widetilde{\beta}_{\xi''_1},\widetilde{\beta}_{\xi''_2},\cdots,\widetilde{\beta}_{\xi''_{q_{j2}}}$ 中可作为自由未知量 $\widetilde{\beta}_{\xi'''_1},\widetilde{\beta}_{\xi'''_2},\cdots$ 的附标）其中 $\boldsymbol{v}_{j\xi'_11},\boldsymbol{v}_{j\xi'_21},\cdots,\boldsymbol{v}_{j\xi'_{q_j}1},\boldsymbol{v}_{j\xi''_12},\boldsymbol{v}_{j\xi''_22},\cdots,\boldsymbol{v}_{j\xi''_{q_{j2}}2}$ 为Ⅰ.2中所述空间 $\mathscr{M}_{j2}$ 的基（当 $\widetilde{\beta}_{\xi'''_1}=\widetilde{\beta}_{\xi'''_2}=\cdots=\widetilde{\beta}_{\xi'''_{q_{j3}}}=0$，组(6)成为组(2)）；可证

$$\boldsymbol{v}_{j\xi'''_13},\boldsymbol{v}_{j\xi'''_23},\cdots,\boldsymbol{v}_{j\xi'''_{q_{j3}}3}\in\mathscr{M}_{j3}\backslash\mathscr{M}_{j2}$$

连同上述空间 $\mathscr{M}_{j2}$ 的基组成空间 $\mathscr{M}_{j3}$ 的基. 上述 $\mathscr{M}_{j3}\backslash\mathscr{M}_{j2}$ 的向量为当

$$(\beta_{\xi'_1},\beta_{\xi'_2},\cdots,\beta_{\xi'_{q_j}},\widetilde{\beta}_{\xi''_1},\widetilde{\beta}_{\xi''_2},\cdots,\widetilde{\beta}_{\xi''_{q_{j2}}})^{\mathrm{T}}$$

分别等于(3.c)的基本解组各解时(6)对 u 的解.

$r''=0$ 时，$q_{j3}=q_{j2}$，$\widetilde{\beta}_{\xi''_1},\widetilde{\beta}_{\xi''_2},\cdots,\widetilde{\beta}_{\xi''_{q_{j2}}}$ 可为任意常数；

$r''=q_{j2}$ 时，同样空间 $\mathscr{M}_{j3}$ 的基只由空间 $\mathscr{M}_{j2}$ 的基组成，已求出 $\mathscr{U}_j=\mathscr{M}_{j2}$ 的基；

若 $r''>0$，用同样方法继续求空间 $\mathscr{M}_{j4}$ 的基，……，直至求某个空间 $\mathscr{M}_{j(m+1)}$ 的基时（m 与 j 有关）不必从空间 $\mathscr{M}_{jm}$ 的基补充新的向量（即 $\mathscr{M}_{j(m+1)}=\mathscr{M}_{jm}$，$r^{(m+1)}=q_{j(m+1)}$，从而 $\mathscr{U}_j=\mathscr{M}_{jm}$）止. 便得空间 $\mathscr{M}_{j1},\mathscr{M}_{j2},\mathscr{M}_{j3},\cdots,\mathscr{M}_{jm}=\mathscr{U}_j$ 的套形基（前 $1,2,3,\cdots,m$ 行所有向量分别为空间 $\mathscr{M}_{j1},\mathscr{M}_{j2},\mathscr{M}_{j3},\cdots,\mathscr{M}_{jm}=\mathscr{U}_j$ 的基）

$$\boldsymbol{v}_{js1} \quad s \in \{\xi'_1, \xi'_2, \cdots, \xi'_{q_j}\}$$

$$\boldsymbol{v}_{js2} \quad s \in \{\xi''_1, \xi''_2, \cdots, \xi''_{q_{j2}}\}$$

$$\boldsymbol{v}_{js3} \quad s \in \{\xi'''_1, \xi'''_2, \cdots, \xi'''_{q_{j3}}\}$$

$$\vdots$$

$$\boldsymbol{v}_{jsm} \quad s \in \{\xi_1^{(m)}, \xi_2^{(m)}, \cdots, \xi_{q_{jm}}^{(m)}\}$$

其中

$$\{\xi'_1, \xi'_2, \cdots, \xi'_{q_j}\} \supset \{\xi''_1, \xi''_2, \cdots, \xi''_{q_{j2}}\} \supset$$

$$\{\xi'''_1, \xi'''_2, \cdots, \xi'''_{q_{j3}}\} \supset \cdots \supset \{\xi_1^{(m)}, \xi_2^{(m)}, \cdots, \xi_{q_{jm}}^{(m)}\}$$

上述计算过程连同下面的 Ⅱ,可列表格进行计算,见下节的例子.

Ⅱ. 把上述求得的空间 $\mathscr{U}_j$ 的基改成向量链组型的基.

对最后 $\mathscr{M}_{jm} \backslash \mathscr{M}_{j(m-1)}$ 中的

$$\boldsymbol{v}_{jsm} \quad s = \xi_1^{(m)}, \xi_2^{(m)}, \cdots, \xi_{q_{jm}}^{(m)}$$

以

$$(\boldsymbol{A} - \lambda_j \boldsymbol{E}) \boldsymbol{v}_{jsm} \stackrel{\triangle}{=} \boldsymbol{v}'_{js(m-1)} \in \mathscr{M}_{j(m-1)}$$

取代 $\mathscr{M}_{j(m-1)} \backslash \mathscr{M}_{j(m-2)}$ 中的 $\boldsymbol{v}_{js(m-1)}$,以

$$(\boldsymbol{A} - \lambda_j \boldsymbol{E}) \boldsymbol{v}'_{js(m-1)} \stackrel{\triangle}{=} \boldsymbol{v}''_{js(m-2)} \in \mathscr{M}_{j(m-2)}$$

取代 $\mathscr{M}_{j(m-2)} \backslash \mathscr{M}_{j(m-3)}$ 中的 $\boldsymbol{v}_{js(m-2)}$,以

$$(\boldsymbol{A} - \lambda_j \boldsymbol{E}) \boldsymbol{v}''_{js(m-2)} \stackrel{\triangle}{=} \boldsymbol{v}'''_{js(m-3)} \in \mathscr{M}_{j(m-3)}$$

取代 $\mathscr{M}_{j(m-3)} \backslash \mathscr{M}_{j(m-4)}$ 中的 $\boldsymbol{v}_{js(m-3)}$,……,以

$$(\boldsymbol{A} - \lambda_j \boldsymbol{E}) \boldsymbol{v}_{js3}^{(m-3)} \stackrel{\triangle}{=} \boldsymbol{v}_{js2}^{(m-2)} \in \mathscr{M}_{j2}$$

取代 $\mathscr{M}_{j2} \backslash \mathscr{M}_{j1}$ 中的 $\boldsymbol{v}_{js2}$,以

$$(\boldsymbol{A}-\lambda_j\boldsymbol{E})\boldsymbol{v}_{js2}^{(m-2)} \triangleq \boldsymbol{v}_{js1}^{(m-1)} \in \mathscr{M}_{j1}$$

取代 $\mathscr{M}_{j1}$ 中的 $\boldsymbol{v}_{js1}$.

对 $\mathscr{M}_{j(m-1)}\backslash\mathscr{M}_{j(m-2)}$ 余下未被取代的 $\boldsymbol{v}_{js(m-1)}$，改记为 $\boldsymbol{v}_{js'(m-1)}$，以

$$(\boldsymbol{A}-\lambda_j\boldsymbol{E})\boldsymbol{v}_{js'(m-1)} \triangleq \boldsymbol{v}'_{js'(m-2)} \in \mathscr{M}_{j(m-2)}$$

取代 $\mathscr{M}_{j(m-2)}\backslash\mathscr{M}_{j(m-3)}$ 中的 $\boldsymbol{v}_{js'(m-2)}$，以

$$(\boldsymbol{A}-\lambda_j\boldsymbol{E})\boldsymbol{v}'_{js'(m-2)} \triangleq \boldsymbol{v}''_{js'(m-3)} \in \mathscr{M}_{j(m-3)}$$

取代 $\mathscr{M}_{j(m-3)}\backslash\mathscr{M}_{j(m-4)}$ 中的 $\boldsymbol{v}_{js'(m-4)}$，……，以

$$(\boldsymbol{A}-\lambda_j\boldsymbol{E})\boldsymbol{v}_{js'3}^{(m-4)} \triangleq \boldsymbol{v}_{js'2}^{(m-3)} \in \mathscr{M}_{j2}$$

取代 $\mathscr{M}_{j2}\backslash\mathscr{M}_{j1}$ 中的 $\boldsymbol{v}_{js'2}$，以

$$(\boldsymbol{A}-\lambda_j\boldsymbol{E})\boldsymbol{v}_{js'2}^{(m-3)} \triangleq \boldsymbol{v}_{js'1}^{(m-2)} \in \mathscr{M}_{j1}$$

取代 $\mathscr{M}_{j1}$ 中的 $\boldsymbol{v}_{js'1}$；继续对 $\mathscr{M}_{j(m-2)}\backslash\mathscr{M}_{j(m-3)}$ 余下未被取代的 $\boldsymbol{v}_{js(m-2)}$，改记为 $\boldsymbol{v}_{js''(m-2)}$ 作同样处理；……

最后对 $\mathscr{M}_{j2}\backslash\mathscr{M}_{j1}$ 中余下未被取代的 $\boldsymbol{v}_{js2}$，改记为 $\boldsymbol{v}_{js(m-2)_2}$，以

$$(\boldsymbol{A}-\lambda_j\boldsymbol{E})\boldsymbol{v}_{js(m-2)_2} \triangleq \boldsymbol{v}'_{js(m-2)_1} \in \mathscr{M}_{j1}$$

取代 $\mathscr{M}_{j1}$ 中的 $\boldsymbol{v}_{js(m-2)_1}$，保留 $\mathscr{M}_{j1}$ 中未被取代的 $\boldsymbol{v}_{js1}$，改记为 $\boldsymbol{v}_{js(m-1)_1}$，则由 Ⅰ 求得的空间 $\mathscr{M}_{j1}, \mathscr{M}_{j2}, \mathscr{M}_{j3}, \cdots, \mathscr{M}_{jm}=\mathscr{U}_j$ 的上述套形基便改成向量链组套形基

$$\left.\begin{array}{rrrrrr}
 & & & & & \boldsymbol{v}_{jsm} \\
 & & & & \boldsymbol{v}_{js'(m-1)}, & \boldsymbol{v}'_{js(m-1)} \\
 & & & \boldsymbol{v}_{js''(m-2)}, & \boldsymbol{v}'_{js'(m-2)}, & \boldsymbol{v}''_{js(m-2)} \\
 & & & \vdots & \vdots & \vdots \\
 & \boldsymbol{v}_{js(m-2)_2}, & \cdots, & \boldsymbol{v}_{js'2}^{(m-4)}, & \boldsymbol{v}_{js2}^{(m-3)}, & \boldsymbol{v}_{js2}^{(m-2)} \\
\boldsymbol{v}_{js(m-1)_1}, & \boldsymbol{v}'_{js(m-2)_1}, & \cdots, & \boldsymbol{v}_{js'1}^{(m-3)}, & \boldsymbol{v}_{js'1}^{(m-2)}, & \boldsymbol{v}_{js1}^{(m-1)}
\end{array}\right\} \quad (7)$$

其中,$s,s',s'',\cdots,s^{(m-2)},s^{(m-1)}$ 分别取若干个数,它们都互不相同,在一竖直线上的向量构成一向量链,最后 $1,2,3,\cdots,m$ 行所有列向量分别为空间 $\mathscr{M}_{j1},\mathscr{M}_{j2},\mathscr{M}_{j3},\cdots,\mathscr{M}_{jm}=\mathscr{U}_j$ 的向量链组套形基.

上述过程如下所示:

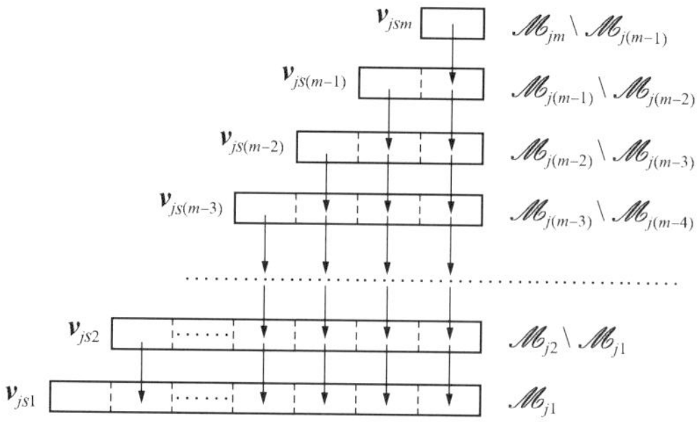

(箭头表示上一(经取代后改成的)向量被 $\boldsymbol{A}-\lambda_j\boldsymbol{E}$ 左乘后取代下一向量).

现补证上述未证的结论.

先证

$$(\boldsymbol{A}-\lambda_j\boldsymbol{E})\boldsymbol{v}_{js2}\quad(s=\xi''_1,\xi''_2,\xi''_{q_{j2}})\tag{8}$$

线性无关,因

$$(\boldsymbol{A}-\lambda_j\boldsymbol{E})\boldsymbol{v}_{js2}=\sum_{r=1}^{q_j}\beta_{rs}\boldsymbol{v}_{j\xi'_r1}\quad(s=\xi''_1,\xi''_2,\cdots,\xi''_{q_{j2}})$$

其中系数矩阵

$$\begin{pmatrix}\beta_{11} & \beta_{21} & \cdots & \beta_{q_j1}\\ \beta_{12} & \beta_{22} & \cdots & \beta_{q_j2}\\ \vdots & \vdots & & \vdots\\ \beta_{1q_{j2}} & \beta_{2q_{j2}} & \cdots & \beta_{q_jq_{j2}}\end{pmatrix}$$

各行向量的转置(为列向量)为方程组(3. a)的基础

解系,故它们线性无关,即这些$(\boldsymbol{A}-\lambda_j\boldsymbol{E})\boldsymbol{v}_{js2}$为$\boldsymbol{v}_{j\xi'_1 1}$,$\boldsymbol{v}_{j\xi'_2 1},\cdots,\boldsymbol{v}_{j\xi'_{q_j}1}$(空间$\mathscr{M}_{j1}$的基,线性无关)的满秩线性组合,由定理5知这些$(\boldsymbol{A}-\lambda_j\boldsymbol{E})\boldsymbol{v}_{js2}$线性无关.

再证,空间$\mathscr{M}_{j2}$的所有这些向量$\boldsymbol{v}_{j\xi'_\beta 1}$,$\boldsymbol{v}_{j\xi''_\beta 2}$线性无关,从而为空间$\mathscr{M}_{j2}$的基.

设

$$\sum_{\beta=1}^{q_j}\mu_\beta\boldsymbol{v}_{j\xi'_\beta 1}+\sum_{\beta=1}^{q_{j2}}\mu'_\beta\boldsymbol{v}_{j\xi''_\beta 2}=\boldsymbol{0}\quad(\mu_\beta,\mu'_\beta\text{ 为常数})\tag{9}$$

两边被$\boldsymbol{A}-\lambda_j\boldsymbol{E}$左乘,因$(\boldsymbol{A}-\lambda_j\boldsymbol{E})\boldsymbol{v}_{j\xi'_\beta 1}=\boldsymbol{0}$,故得

$$\sum_{\beta=1}^{q_{j2}}\mu'_\beta(\boldsymbol{A}-\lambda_j\boldsymbol{E})\boldsymbol{v}_{j\xi''_\beta 2}=\boldsymbol{0}$$

由式(8)中各向量线性无关,故所有$\mu'_\beta=0$,于是从式(9)得

$$\sum_{\beta=1}^{q_{j1}}\mu_\beta\boldsymbol{v}_{j\xi'_\beta 1}=\boldsymbol{0}$$

但这些$\boldsymbol{v}_{j\xi'_\beta 1}$线性无关,又得所有$\mu_\beta=0$,所述得证.

再证空间$\mathscr{M}_{j2}$的上述基向量添上

$$\boldsymbol{v}_{j\beta 3}\quad(\beta=\xi'''_1,\xi'''_2,\cdots,\xi'''_{q_{j3}})$$

构成空间$\mathscr{M}_{j3}$的基;类似知

$$(\boldsymbol{A}-\lambda_j\boldsymbol{E})\boldsymbol{v}_{j\beta 3}\quad(\beta=\xi'''_1,\xi'''_2,\cdots,\xi'''_{q_{j3}})$$

为空间$\mathscr{M}_{j2}$的上述基的满秩线性组合,从而线性无关.又从此线性组合式两边被$\boldsymbol{A}-\lambda_j\boldsymbol{E}$左乘,因右边各项$(\boldsymbol{A}-\lambda_j\boldsymbol{E})\boldsymbol{v}_{j\beta 1}=0$,故知

$$(\boldsymbol{A}-\lambda_j\boldsymbol{E})^2\boldsymbol{v}_{j\beta 3}\quad(\beta=\xi'''_1,\xi'''_2,\cdots,\xi'''_{q_{j3}})$$

为

$$(\boldsymbol{A}-\lambda_j\boldsymbol{E})\boldsymbol{v}_{j\beta 2}\quad(\beta=\xi''_1,\xi''_2,\cdots,\xi''_{q_{j3}})$$

（已证线性无关）的线性组合，其系数矩阵各行向量的转置（列向量）为方程组（3. b）的基础解系，故此线性组合系为满秩线性组合系，于是这些$(\boldsymbol{A}-\lambda_j\boldsymbol{E})^2\boldsymbol{v}_{j\beta3}$线性无关，从而类似可证所述结论成立（在所有$\boldsymbol{v}_{j\beta3},\boldsymbol{v}_{j\beta2},\boldsymbol{v}_{j\beta1}$的线性组合为零向量的等式两边被$(\boldsymbol{A}-\lambda_j\boldsymbol{E})^2$左乘，先推出所有$\boldsymbol{v}_{j\beta3}$的系数全为0，再按所有$\boldsymbol{v}_{j\beta2},\boldsymbol{v}_{j\beta1}$线性无关推出它们的系数也全为0）.

类似证对空间$\mathscr{M}_{j4}$的结论：先证所有$(\boldsymbol{A}-\lambda_j\boldsymbol{E})\boldsymbol{v}_{j\beta4}$线性无关. 再由$(\boldsymbol{A}-\lambda_j\boldsymbol{E})\boldsymbol{v}_{j\beta4}$用所有$\boldsymbol{v}_{j\beta3},\boldsymbol{v}_{j\beta2},\boldsymbol{v}_{j\beta1}$的表示式两边被$(\boldsymbol{A}-\lambda_j\boldsymbol{E})^2$左乘证所有$(\boldsymbol{A}-\lambda_j\boldsymbol{E})^3\boldsymbol{v}_{j\beta4}$为所有$(\boldsymbol{A}-\lambda_j\boldsymbol{E})^2\boldsymbol{v}_{j\beta3}$的满秩线性组合，从而亦线性无关. 最后，所有$\boldsymbol{v}_{j\beta4},\boldsymbol{v}_{j\beta3},\boldsymbol{v}_{j\beta2},\boldsymbol{v}_{j\beta1}$的线性组合为零向量的等式两边被$(\boldsymbol{A}-\lambda_j\boldsymbol{E})^3$左乘知所有$\boldsymbol{v}_{j\beta4}$的系数全为0，……

如此继续论证知用上述方法可求出空间$\mathscr{M}_{j1},\mathscr{M}_{j2},\mathscr{M}_{j3},\mathscr{M}_{j4},\mathscr{M}_{j5},\cdots,\mathscr{M}_{jn_j}=\mathscr{U}_j$的套形基（可能在$\mathscr{M}_{jn_j}$之前某个空间$\mathscr{M}_{jm_j}$已是空间$\mathscr{U}_j$，即$\mathscr{M}_{jm_j}=\mathscr{M}_{j(m_j+1)}=\mathscr{M}_{j(m_j+2)}=\cdots=\mathscr{M}_{jn_j}=\mathscr{U}_j$），$\mathscr{M}_{jn_j}=\mathscr{U}_j$含$n'_j$个向量（未知$n'_j=n_j$）

$$n'_1+n'_2+\cdots+n'_k=n$$

这时不能再求出非零向量$\boldsymbol{v}_{j\beta(n_j+1)}\in\mathscr{M}_{j(n_j+1)}\backslash\mathscr{M}_{jn_j}$，否则由上述推导知空间$\mathscr{M}_{j(n_j+1)}$有超过$n'_j$个线性无关向量，而再据定理 3 知这些线性无关向量与空间$\mathscr{M}_{j'n'_{j'}}=\mathscr{U}_{j'}(j'\in\{1,2,\cdots,k\}\backslash\{j\})$的$\sum\limits_{j'\in\{1,2,\cdots,k\}\backslash\{j\}}n'_{j'}$个基向量合成$n$维（复）空间$\mathbf{C}^n$的超过$n'_1+n'_2+\cdots+n'_k=n$个线性无关向量，得矛盾. 故上述方法正好求出所述套形基.

再证上述套形基按前述过程可改成空间 $\mathscr{M}_{j1}$, $\mathscr{M}_{j2},\mathscr{M}_{j3},\cdots,\mathscr{M}_{jn_j}=\mathscr{U}_j$ 的向量链组套形基.

为了证明过程书写简洁,不妨设

$$\left.\begin{aligned} &\xi'_s=n-q_j+s \quad (s=1,2,\cdots,q_j)\\ &\xi''_s=n-q_{j2}+s \quad (s=1,2,\cdots,q_{j2})\\ &\xi'''_s=n-q_{j3}+s \quad (s=1,2,\cdots,q_{j3})\\ &\qquad\qquad\vdots \end{aligned}\right\} \tag{10}$$

即这些 $\xi'_s,\xi''_s,\xi'''_s,\cdots$ 分别为数列 $1,2,\cdots,n$ 中最后 $q_{j1},q_{j2},q_{j3},\cdots$ 个数. 上述序列中后者仍为前者的子序列,相当于式(7)中各向量链的序号改为:

$s^{(m-1)}$ 为 $n-q_j+1\sim n-q_{j2}$ （“～”代表“至”）

$s^{(m-2)}$ 为 $n-q_{j2}+1\sim n-q_{j3}$

$\vdots$

s'' 为 $n-q_{j(m-2)}+1\sim n-q_{j(m-1)}$

s' 为 $n-q_{j(m-1)}+1\sim n-q_{jm}$

s 为 $n-q_{jm}+1\sim n$

现逐次证明,可把空间 $\mathscr{M}_{j1},\mathscr{M}_{j2},\mathscr{M}_{j3},\cdots,\mathscr{M}_{jm}=\mathscr{U}_j$ 的套形基改为向量链组套形基.

空间 $\mathscr{M}_{j1}$ 的基(1)已是向量链组基(每一向量链只有一个向量).

当 $q_{j2}>0$,再证可把空间 $\mathscr{M}_{j1},\mathscr{M}_{j2}$ 的套形基改成向量链组套形基:

这时方程组(2)的系数矩阵(3)经初等行变换化成的简阶梯形矩阵(4)形如

$$
n\text{行}\left\{\left(\begin{array}{cccc:cccc}
\overbrace{\begin{matrix}1&&&\\&1&&\\&&\ddots&\\&&&1\end{matrix}}^{n-q_j\text{列}} & \overbrace{\begin{matrix}\cdots\\\cdots\\\cdots\\\cdots\end{matrix}}^{q_j\text{列}} & & & \overbrace{\qquad}^{q_j-q_{j3}\text{列}} & & \overbrace{\begin{matrix}\cdots\\\cdots\\\cdots\\\cdots\end{matrix}}^{q_{j2}\text{列}} & \\
\hdashline
& & & & \begin{matrix}1&&&\\&1&&\\&&\ddots&\\&&&1\end{matrix} & & \begin{matrix}\cdots\\\cdots\\\cdots\\\cdots\end{matrix} &
\end{array}\right)\right.
\begin{matrix}\}\,n-q_j\text{行}\\ \}\,q_j-q_{j2}\text{行}\end{matrix}
$$

而方程组(3. a)的基础解系(列向量)组成的矩阵(由上矩阵中非零的后 $q_j - q_{j2}$ 行所定)为分块矩阵

$$
\begin{pmatrix} \boldsymbol{B}_{(q_j-q_{j2})\times q_{j2}} \\ \boldsymbol{E}_{q_{j2}\times q_{j2}} \end{pmatrix} \text{(矩阵的两附标表行、列数)}
$$

注意这时有(10),因 $\boldsymbol{v}_{j(n-q_{j2}+1)2}, \boldsymbol{v}_{j(n-q_{j2}+2)2}, \cdots, \boldsymbol{v}_{jn2}$ 为当 $(\beta_{n-q_j+1}, \beta_{n-q_j+2}, \cdots, \beta_n)^{\mathrm{T}}$ 等于上述基础解系各列时(2)对 u 的解,故

$$
\begin{aligned}
&((\boldsymbol{A}-\lambda_j\boldsymbol{E})\boldsymbol{v}_{j(n-q_{j2}+1)2}, (\boldsymbol{A}-\lambda_j\boldsymbol{E})\boldsymbol{v}_{j(n-q_{j2}+2)2}, \cdots \\
&(\boldsymbol{A}-\lambda_j\boldsymbol{E})\boldsymbol{v}_{jn2}) \\
=\ &(\boldsymbol{v}_{j(n-q_j+1)1}, \cdots, \boldsymbol{v}_{j(n-q_{j2})1}, \boldsymbol{v}_{j(n-q_{j2}+1)1}, \cdots, \boldsymbol{v}_{jn1}) \cdot \begin{pmatrix}\boldsymbol{B}\\ \boldsymbol{E}\end{pmatrix} \qquad (11)
\end{aligned}
$$

一般记矩阵

$$
\boldsymbol{V}_{jp}^{s\sim s'} = (\boldsymbol{v}_{jsp}, \boldsymbol{v}_{j(s+1)p}, \boldsymbol{v}_{j(s+2)p}, \cdots, \boldsymbol{v}_{js'p})
$$

则式(11)可写成

$$
(\boldsymbol{A}-\lambda_j\boldsymbol{E})\boldsymbol{V}_{j2}^{n-q_{j2}+1\sim n} = (\boldsymbol{V}_{j1}^{n-q_j+1\sim n-q_{j2}}, \boldsymbol{V}_{j1}^{n-q_{j2}+1\sim n})\begin{pmatrix}\boldsymbol{B}\\ \boldsymbol{E}\end{pmatrix}
$$

从而

$$
(\boldsymbol{V}_{j1}^{n-q_j+1\sim n-q_{j2}}, (\boldsymbol{A}-\lambda_j\boldsymbol{E})\boldsymbol{V}_{j2}^{n-q_{j2}+1\sim n})
$$

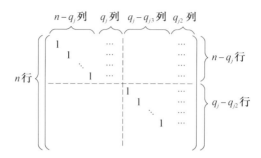

$$= \left(\boldsymbol{V}_{j1}^{n-q_j+1\sim n-q_{j2}}, \boldsymbol{V}_{j1}^{n-q_{j2}+1\sim n}\right)\begin{pmatrix} \boldsymbol{E}_{(q_j-q_{j2})\times(q_j-q_{j2})} & \boldsymbol{B}_{(q_j-q_{j2})\times q_{j2}} \\ & \boldsymbol{E}_{q_{j2}\times q_{j2}} \end{pmatrix} \tag{12}$$

右边第一矩阵因式各列为空间$\mathscr{M}_{j1}$的基(线性无关),第二矩阵因式可逆(其行列式等于1非0),其转置矩阵亦可逆,故左边矩阵各列向量为线性无关向量组的满秩线性组合系,由定理5知左边矩阵$(q_j-q_{j2})+q_{j2}=q_j$个列向量线性无关. 而这些列向量都属q_j维空间$\mathscr{M}_{j1}$,故为空间$\mathscr{M}_{j1}$的基,其前q_j-q_{j2}个列向量视为只有首项的向量链,后q_{j2}个列向量视为由

$$(\boldsymbol{A}-\lambda_j\boldsymbol{E})\boldsymbol{V}_{j2}^{n-q_{j2}+1\sim n}, \boldsymbol{V}_{j2}^{n-q_{j2}+1\sim n}$$

中相应第$1,2,\cdots,q_{j2}$个列向量构成的只有两向量的q_{j2}个向量链的首项. 于是由

$$\boldsymbol{V}_{j1}^{n-q_j+1\sim n-q_{j2}}, (\boldsymbol{A}-\lambda_j\boldsymbol{E})\boldsymbol{V}_{j2}^{n-q_{j2}+1\sim n}, \boldsymbol{V}_{j2}^{n-q_{j2}+1\sim n}$$

的所有列向量构成的上述q_j+q_{j2}个向量链的首项线性无关,由定理4知上述$(q_j-q_{j2})+2\cdot q_{j2}=q_j+q_{j2}$(个)列向量(都属空间$\mathscr{M}_{j2}$)线性无关,故为$(q_j+q_{j2}$维)空间$\mathscr{M}_{j2}$的基. 于是得空间$\mathscr{M}_{j1}$,$\mathscr{M}_{j2}$的向量链组套形基

$$\boldsymbol{V}_{j2}^{n-q_{j2}+1\sim n}$$

$$\boldsymbol{V}_{j1}^{n-q_j+1\sim n-q_{j2}}, (\boldsymbol{A}-\lambda_j\boldsymbol{E})\boldsymbol{V}_{j2}^{n-q_{j2}+1\sim n}$$

当$q_{j2}=q_j$时,上两个矩阵等式都改为

$$(\boldsymbol{A}-\lambda_j\boldsymbol{E})\boldsymbol{V}_{j2}^{n-q_{j2}+1\sim n}=\boldsymbol{V}_{j1}^{n-q_j+1\sim n}$$

上段所述矩阵$\boldsymbol{V}_{j1}^{n-q_j+1\sim n-q_{j2}}$不存在,仍有同样结论.

当$q_{j3}>0$,再证可把空间$\mathscr{M}_{j1}$,$\mathscr{M}_{j2}$,$\mathscr{M}_{j3}$的基改为向量链组套形基.

把式(12)写为

$$
\begin{aligned}
&(\boldsymbol{V}_{j1}^{n-q_j+1\sim n-q_{j2}} \quad (\boldsymbol{A}-\lambda_j\boldsymbol{E})\boldsymbol{V}_{j2}^{n-q_{j2}+1\sim n-q_{j3}}\\
&(\boldsymbol{A}-\lambda_j\boldsymbol{E})\boldsymbol{V}_{j2}^{n-q_{j3}+1\sim n}) =\\
&(\boldsymbol{V}_{j1}^{n-q_j+1\sim n-q_{j2}} \quad \boldsymbol{V}_{j1}^{n-q_{j2}+1\sim n-q_{j3}} \quad \boldsymbol{V}_{j1}^{n-q_{j3}+1\sim n})\cdot\\
&\begin{pmatrix}
\boldsymbol{E}_{(q_j-q_{j2})\times(q_j-q_{j2})} & \boldsymbol{B}^{(1)}_{(q_j-q_{j2})\times(q_{j2}-q_{j3})} & \boldsymbol{B}^{(2)}_{(q_j-q_{j2})\times q_{j3}}\\
 & \boldsymbol{E}_{(q_{j2}-q_{j3})\times(q_{j2}-q_{j3})} & \\
 & & \boldsymbol{E}_{q_{j3}\times q_{j3}}
\end{pmatrix}
\end{aligned}
$$

其中

$$
(\boldsymbol{B}^{(1)}_{(q_j-q_{j2})\times(q_{j2}-q_{j3})} \quad \boldsymbol{B}^{(2)}_{(q_j-q_{j2})\times q_{j3}}) = \boldsymbol{B}_{(q_j-q_{j2})\times q_{j2}}
$$

又同样有

$$
\begin{aligned}
&(\boldsymbol{A}-\lambda_j\boldsymbol{E})\boldsymbol{V}_{j3}^{n-q_{j3}+1\sim n}\\
=&(\boldsymbol{V}_{j1}^{n-q_j+1\sim n-q_{j2}}\boldsymbol{V}_{j1}^{n-q_{j2}+1\sim n-q_{j3}}\boldsymbol{V}_{j1}^{n-q_{j3}+1\sim n}\boldsymbol{V}_{j2}^{n-q_{j2}+1\sim n-q_{j3}}\boldsymbol{V}_{j2}^{n-q_{j3}+1\sim n})\cdot\\
&\begin{pmatrix}
\boldsymbol{C}^{(1)}_{(q_j-q_{j2})\times q_{j3}}\\
\boldsymbol{C}^{(2)}_{(q_{j2}-q_{j3})\times q_{j3}}\\
\boldsymbol{C}^{(3)}_{q_{j3}\times q_{j3}}\\
\boldsymbol{C}^{(4)}_{(q_{j2}-q_{j3})\times q_{j3}}\\
\boldsymbol{E}_{q_{j3}\times q_{j3}}
\end{pmatrix}
\end{aligned}
$$

故

$$
\begin{aligned}
&(\boldsymbol{A}-\lambda_j\boldsymbol{E})^2\boldsymbol{V}_{j3}^{n-q_{j3}+1\sim n}\\
=&(\boldsymbol{O}_{n\times(q_j-q_{j2})} \quad \boldsymbol{O}_{n\times(q_{j2}-q_{j3})} \quad \boldsymbol{O}_{n\times q_{j3}}\\
&(\boldsymbol{A}-\lambda_j\boldsymbol{E})\boldsymbol{V}_{j2}^{n-q_{j2}+1\sim n-q_{j3}} \quad (\boldsymbol{A}-\lambda_j\boldsymbol{E})\boldsymbol{V}_{j2}^{n-q_{j3}+1\sim n})\cdot
\begin{pmatrix}
\boldsymbol{C}^{(1)}\\
\boldsymbol{C}^{(2)}\\
\boldsymbol{C}^{(3)}\\
\boldsymbol{C}^{(4)}\\
\boldsymbol{E}
\end{pmatrix}\\
=&((\boldsymbol{A}-\lambda_j\boldsymbol{E})\boldsymbol{V}_{j2}^{n-q_{j2}+1\sim n-q_{j3}} \quad (\boldsymbol{A}-\lambda_j\boldsymbol{E})\boldsymbol{V}_{j2}^{n-q_{j3}+1\sim n})\cdot\begin{pmatrix}
\boldsymbol{C}^{(4)}\\
\boldsymbol{E}
\end{pmatrix}
\end{aligned}
$$

从而

$$
\begin{aligned}
&\left(\boldsymbol{V}_{j1}^{n-q_j+1\sim n-q_{j2}}\quad (\boldsymbol{A}-\lambda_j\boldsymbol{E})\boldsymbol{V}_{j2}^{n-q_{j2}+1\sim n-q_{j3}}\quad (\boldsymbol{A}-\lambda_j\boldsymbol{E})^2\boldsymbol{V}_{j3}^{n-q_{j3}+1\sim n}\right)\\
=&\left(\boldsymbol{V}_{j1}^{n-q_j+1\sim n-q_{j2}}\quad (\boldsymbol{A}-\lambda_j\boldsymbol{E})\boldsymbol{V}_{j2}^{n-q_{j2}+1\sim n-q_{j3}}\quad (\boldsymbol{A}-\lambda_j\boldsymbol{E})\boldsymbol{V}_{j3}^{n-q_{j3}+1\sim n}\right)\cdot\\
&\begin{pmatrix}
\boldsymbol{E}_{(q_j-q_{j2})\times(q_j-q_{j2})} & & \\
 & \boldsymbol{E}_{(q_{j2}-q_{j3})\times(q_{j2}-q_{j3})} & \boldsymbol{C}^{(4)}_{(q_{j2}-q_{j3})\times q_{j3}}\\
 & & \boldsymbol{E}_{q_{j3}\times q_{j3}}
\end{pmatrix}\\
=&\left(\boldsymbol{V}_{j1}^{n-q_j+1\sim n-q_{j2}}\quad \boldsymbol{V}_{j1}^{n-q_{j2}+1\sim n-q_{j3}}\quad \boldsymbol{V}_{j1}^{n-q_{j3}+1\sim n}\right)\cdot\\
&\begin{pmatrix}
\boldsymbol{E}_{(q_j-q_{j2})\times(q_j-q_{j2})} & \boldsymbol{B}^{(1)}_{(q_j-q_{j2})\times(q_{j2}-q_{j3})} & \boldsymbol{B}^{(2)}_{(q_j-q_{j2})\times q_{j3}}\\
 & \boldsymbol{E}_{(q_{j2}-q_{j3})\times(q_{j2}-q_{j3})} & \\
 & & \boldsymbol{E}_{q_{j3}\times q_{j3}}
\end{pmatrix}\cdot\\
&\begin{pmatrix}
\boldsymbol{E}_{(q_j-q_{j2})\times(q_j-q_{j2})} & & \\
 & \boldsymbol{E}_{(q_{j2}-q_{j3})\times(q_{j2}-q_{j3})} & \boldsymbol{C}^{(4)}\\
 & & \boldsymbol{E}_{q_{j3}\times q_{j3}}
\end{pmatrix}\\
=&\left(\boldsymbol{V}_{j1}^{n-q_j+1\sim n-q_{j2}}\quad \boldsymbol{V}_{j1}^{n-q_{j2}+1\sim n-q_{j3}}\quad \boldsymbol{V}_{j1}^{n-q_{j3}+1\sim n}\right)\cdot\\
&\begin{pmatrix}
\boldsymbol{E}_{(q_j-q_{j2})\times(q_j-q_{j2})} & \boldsymbol{B}^{(1)} & \boldsymbol{B}^{(1)}\boldsymbol{C}^{(4)}+\boldsymbol{B}^{(2)}\\
 & \boldsymbol{E}_{(q_{j2}-q_{j3})\times(q_{j2}-q_{j3})} & \boldsymbol{C}^{(4)}\\
 & & \boldsymbol{E}_{q_{j3}\times q_{j3}}
\end{pmatrix}
\end{aligned}
$$

末式第二矩阵因式与(12)右边第二矩阵因式同样为可逆上三角分块矩阵(对角线方块同样为单位矩阵),故亦可得同样结论——最前式矩阵的 q_j 个列向量线性无关,于是同样知空间 $\mathscr{M}_{j1},\mathscr{M}_{j2},\mathscr{M}_{j3}$ 的套形基可改为向量链组套形基

$$\boldsymbol{V}^{n-q_{j3}+1\sim n}$$

$$\boldsymbol{V}_{j2}^{n-q_{j2}+1\sim n-q_{j3}},(\boldsymbol{A}-\lambda_j\boldsymbol{E})\boldsymbol{V}_{j3}^{n-q_{j3}+1\sim n}$$

$$\boldsymbol{V}_{j1}^{n-q_j+1\sim n-q_{j2}},(\boldsymbol{A}-\lambda_j\boldsymbol{E})\boldsymbol{V}_{j2}^{n-q_{j2}+1\sim n-q_{j3}},(\boldsymbol{A}-\lambda_j\boldsymbol{E})^2\boldsymbol{V}_{j3}^{n-q_{j3}+1\sim n}$$

当 $q_j=q_{j2}$ 或 $q_{j2}=q_{j3}$ 时,上述矩阵等式及向量链组套形基表略有改变,但仍有同样结论.

继续同样论证,最后知可求得空间 $\mathscr{M}_{j1},\mathscr{M}_{j2},\mathscr{M}_{j3},\cdots,\mathscr{M}_{jm}=\mathscr{U}_j$ 的向量链组套形基(一般有

$$\begin{pmatrix} \boldsymbol{E} & * & * & \cdots & * & * \\ & \boldsymbol{E} & * & \cdots & * & * \\ & & \boldsymbol{E} & \cdots & * & * \\ & & & & \vdots & \vdots \\ & & & & \boldsymbol{E} & \boldsymbol{O} \\ & & & & & \boldsymbol{E} \end{pmatrix}\cdot\begin{pmatrix} \boldsymbol{E} & & & & & \\ & \boldsymbol{E} & & & & \\ & & \boldsymbol{E} & & & \\ & & & \ddots & & \\ & & & & \boldsymbol{E} & * \\ & & & & & \boldsymbol{E} \end{pmatrix}$$

(“ * ”表不一定为零矩阵的子块) 仍为上三角分块矩阵,且对角线各子块仍为单位矩阵).

现证 3.1 节所述 Jordan 标准型定理及 3.2 节定理 2(根子空间分解定理) 中未论述的结论:$\dim\mathscr{U}_j=n_j$.

设前求得最后的空间 $\mathscr{M}_{jm_j}=\mathscr{U}_j$,其中 m_j 为首先使 $\mathscr{M}_{j(h+1)}=\mathscr{M}_{jh}$ 的 h(即不能再求 $\mathscr{M}_{j(h+1)}\backslash\mathscr{M}_{jh}$ 的非零向量,从而 $q_{j(h+1)}=0$,于是 $q_j\geqslant q_{j2}\geqslant q_{j3}\geqslant\cdots\geqslant q_{jm_j}>0$, $q_{j(m_j+1)}=q_{j(m_j+2)}=\cdots=0$),从而得出矩阵 $\boldsymbol{A}$ 与特征根 λ_j 相应的根子空间 $\mathscr{U}_j$ 的向量链组基. 其中只含 $1,2,3,\cdots,m_j-1,m_j$ 个向量的向量链分别有 $q_j-q_{j2},q_{j2}-q_{j3},q_{j3}-q_{j4},\cdots,q_{j(m_j-1)}-q_{jm_j},q_{jm_j}$ 个,总共含

$$n'_j=\dim\mathscr{U}_j=\sum_{s=1}^{m_j}(q_{js}-q_{j(s+1)})s$$

个(列) 向量. 把这些基向量按向量链的次序排列(每

个向量链的向量按其在向量链的次序排在相邻位置）构成 $n \times n'_j$ 矩阵 $\boldsymbol{M}_j$. 再对所有矩阵 $\boldsymbol{M}_j(j = 1,2,\cdots,k)$ 取矩阵

$$\boldsymbol{T} = (\boldsymbol{M}_1 \quad \boldsymbol{M}_2 \quad \boldsymbol{M}_3 \cdots \boldsymbol{M}_k)$$

因 $n'_1 + n'_2 + \cdots + n'_k = n$，故矩阵 $\boldsymbol{T}$ 共 n 列，为 n 阶矩阵，又由定理 3 知矩阵 $\boldsymbol{T}$ 的各列向量线性无关，$\boldsymbol{T}$ 为可逆矩阵. 易见

$$\boldsymbol{AT} = \boldsymbol{TJ}$$

从而

$$\boldsymbol{T}^{-1}\boldsymbol{AT} = \boldsymbol{J}$$

其中

$$\boldsymbol{J} = \mathrm{diag}(\boldsymbol{J}_1,\boldsymbol{J}_2,\cdots,\boldsymbol{J}_k)$$

而对 $j = 1,2,\cdots,k$，$\boldsymbol{J}_j$ 又为分块对角矩阵，其对角线上各子块由 Jordan 子块构成——矩阵 $\boldsymbol{A}$ 与特征根 λ_j 相应的每一含 r 个向量的向量链相应于一个 r 阶 Jordan 子块

$$\boldsymbol{J}_{jr} = \begin{pmatrix} \lambda_j & 1 & & & \\ & \lambda_j & 1 & & \\ & & \ddots & \ddots & \\ & & & & 1 \\ & & & & \lambda_j \end{pmatrix}_{r\times r}$$

各 Jordan 子块在矩阵 $\boldsymbol{J}_j$ 的对角线上的排列次序与相应向量链的排列次序相同.

由于矩阵 $\boldsymbol{A}$，$\boldsymbol{J}$ 相似，故它们所有特征根及其重数相同，而

$$\dim \mathscr{U}_j = n'_j = q_{j1} + q_{j2} + q_{j3} + \cdots + q_{jm}$$

为与 λ_j 相应的 Jordan 子块（对角线元素为 λ_j）的阶数之和，实际是矩阵 $\boldsymbol{J}$，$\boldsymbol{A}$ 的特征根 λ_j 的重数 n_j，得证定

理 2(根子空间分解定理)中

$$\dim \mathscr{U}_j = n'_j = n_j$$①

再证所有 Jordan 子块(不计其在矩阵 $\boldsymbol{J}$ 的分块对角线中的次序)的唯一性:因矩阵 $\boldsymbol{A}$ 与特征根 λ_j 相应的 r 阶 Jordan 子块(对角线元素为 λ_j)的个数为

$$\begin{cases} q_{jr} - q_{j(r+1)}, 当 1 \leqslant r \leqslant m_j - 1 \\ q_{jm_j}, 当 r = m_j \end{cases}$$

而 q_{js} 为求空间 $\mathscr{M}_{js}$ 的基时需比空间 $\mathscr{M}_{j(s-1)}$ 的基所增加的向量个数,即

$$q_{js} = \dim \mathscr{M}_{js} - \dim \mathscr{M}_{j(s-1)}$$

它为矩阵 $\boldsymbol{A}$ 及其特征根所唯一确定,从而上述 r 阶 Jordan 子块个数亦然,所述得证.

3.4 例

本节举例说明如何把上节所述计算过程列成表格进行.

例 1 设矩阵

$$\boldsymbol{A} = \begin{pmatrix} -5 & 7 & 4 & -8 & 6 & -3 \\ -5 & 1 & 15 & -16 & 12 & -6 \\ -4 & 0 & 13 & -17 & 18 & -9 \\ -3 & 0 & 9 & -17 & 24 & -12 \\ -2 & 0 & 6 & -12 & 17 & -8 \\ -1 & 0 & 3 & -6 & 8 & -3 \end{pmatrix}$$

求得特征根 $\lambda_1 = 1, n_1 = 6$. 计算过程及表格如下.

解方程组

① 故上文中求套形基时实际只需求到共有 $q_j + q_{j2} + \cdots + q_{jm} = n_j$(个)向量即可.

$$(\boldsymbol{A}-\boldsymbol{E})\boldsymbol{u}=\boldsymbol{0},\boldsymbol{u}=(u_1,u_2,u_3,u_4,u_5,u_6)^{\mathrm{T}}$$

把系数矩阵$\boldsymbol{A}-\boldsymbol{E}$即方框①用初等行变换改为简阶梯形矩阵②(最左边表示初等变换过程,如 $\pm\alpha(m)$ 表示加/减第 m 行的 α 倍),"→(2)"表示调至第2行,于是得此方程组的基本解组(即空间 $\mathscr{M}_{11}$ 的基)$\boldsymbol{v}_{131}$,$\boldsymbol{v}_{151}$,$\boldsymbol{v}_{161}$ 补于①的右边③;又继续解方程组

$$(\boldsymbol{A}-\boldsymbol{E})\boldsymbol{u}=\beta_3\boldsymbol{v}_{131}+\beta_5\boldsymbol{v}_{151}+\beta_6\boldsymbol{v}_{161}$$

以求空间$\mathscr{M}_{12}$的基(除$\mathscr{M}_{11}$的基外),β_3,β_5,β_6为待定常数:对①和③进行与上述同样的(实际只对③)初等行变换得④,再对④进行初等变换得⑤(简阶梯形,↕ 表对调),从②和⑤得 $\boldsymbol{u}$ 及β_3,β_5,β_6的通解

$$\boldsymbol{u}=u_3\boldsymbol{v}_{131}+u_5\boldsymbol{v}_{151}+u_6\boldsymbol{v}_{161}+\beta_3\left(-\frac{6}{7},-\frac{1}{7},0,\frac{1}{7},0,0\right)^{\mathrm{T}}+\beta_6\left(\frac{17}{7},\frac{4}{7},0,-\frac{4}{7},0,0\right)^{\mathrm{T}}$$

$$\begin{pmatrix}\beta_3\\\beta_5\\\beta_6\end{pmatrix}=\beta_3\begin{pmatrix}1\\0\\0\end{pmatrix}+\beta_6\begin{pmatrix}0\\2\\1\end{pmatrix}$$

取 $u_3=u_5=u_6=0$;$\beta_3=1$,$\beta_6=0$ 或$\beta_3=0$,$\beta_6=1$,分别求得$\mathscr{M}_{j2}\setminus\mathscr{M}_{j1}$的 $\boldsymbol{v}_{132}$,$\boldsymbol{v}_{162}$ 补在③右边的⑥,它们分别适合

$$(\boldsymbol{A}-\boldsymbol{E})\boldsymbol{v}_{132}=1\boldsymbol{v}_{131}+0\boldsymbol{v}_{151}+0\boldsymbol{v}_{161}=\boldsymbol{v}_{131}\text{ ①}$$

$$(\boldsymbol{A}-\boldsymbol{E})\boldsymbol{v}_{162}=0\boldsymbol{v}_{131}+2\boldsymbol{v}_{151}+1\boldsymbol{v}_{161}$$

---

① 由此例可见,由一个待定常数(β_3)是自由未知量,而其他待定常数与其无关,则其在上述方程组中所乘的向量 $\boldsymbol{v}_{jsh}$($\boldsymbol{v}_{131}$)等于增补的向量 $\boldsymbol{v}_{js(h+1)}$ 被$(\boldsymbol{A}-\lambda_j\boldsymbol{E})$左乘的结果:$(\boldsymbol{A}-\lambda_j\boldsymbol{E})\boldsymbol{v}_{js(h+1)}=\boldsymbol{v}_{jsh}$.

继续解方程组

$$(\boldsymbol{A}-\boldsymbol{E})\boldsymbol{u}=\beta_3\boldsymbol{v}_{131}+\beta_5\boldsymbol{v}_{151}+\beta_6\boldsymbol{v}_{161}+\widetilde{\beta}_3\boldsymbol{v}_{132}+\widetilde{\beta}_6\boldsymbol{v}_{162}$$

($\widetilde{\beta}_3,\widetilde{\beta}_6$ 待定)对⑥进行与前述对①和③同样的初等行变换得⑦,再对⑦进行初等行变换得简阶梯形的⑧,于是从②,⑤,⑧得通解

$$\boldsymbol{u}=u_3\boldsymbol{v}_{131}+u_5\boldsymbol{v}_{151}+u_6\boldsymbol{v}_{161}+\beta_3\boldsymbol{v}_{132}+\beta_6\boldsymbol{v}_{162}+\widetilde{\beta}_6\left(0,-\frac{1}{7},0,0,0\right)^{\mathrm{T}}$$

$$\begin{pmatrix}\beta_3\\\beta_5\\\beta_6\\\widetilde{\beta}_3\\\widetilde{\beta}_6\end{pmatrix}=\beta_3\begin{pmatrix}1\\0\\0\\0\\0\end{pmatrix}+\beta_6\begin{pmatrix}0\\2\\1\\0\\0\end{pmatrix}+\widetilde{\beta}_6\begin{pmatrix}0\\0\\0\\4\\1\end{pmatrix}$$

取 $u_3=u_5=u_6=\beta_3=\beta_6=0,\widetilde{\beta}_6=1$ 类似求得 $\mathscr{M}_{j3}\backslash\mathscr{M}_{j2}$ 的 $\boldsymbol{v}_{163}=\left(0,-\frac{1}{7},0,0,0,0\right)^{\mathrm{T}}$ 补在⑥右边⑨,它适合

$$(\boldsymbol{A}-\boldsymbol{E})\boldsymbol{v}_{163}=0\boldsymbol{v}_{131}+0\boldsymbol{v}_{151}+0\boldsymbol{v}_{161}+4\boldsymbol{v}_{132}+1\boldsymbol{v}_{162}$$

已求得空间 $\mathscr{M}_{13}$ 的基共 6 个向量,$n_1=6$,故得空间 $\mathscr{U}_1=\mathscr{M}_{13}$ 的基

$$\begin{matrix}\boldsymbol{v}_{131} & \boldsymbol{v}_{151} & \boldsymbol{v}_{161}\\ \boldsymbol{v}_{132} & & \boldsymbol{v}_{162}\\ & & \boldsymbol{v}_{163}\end{matrix}$$

再把它改为向量链组基

$$\boldsymbol{v}'_{131}=(\boldsymbol{A}-\boldsymbol{E})\boldsymbol{v}_{132}=\boldsymbol{v}_{131}=(3,2,1,0,0,0)^{\mathrm{T}}$$

（表中用 $v_{131}\xleftarrow{\quad}v_{132}$ 表示）

$$\begin{aligned}\boldsymbol{v}'_{162}&=(\boldsymbol{A}-\boldsymbol{E})\boldsymbol{v}_{163}\\&=0\boldsymbol{v}_{131}+0\boldsymbol{v}_{151}+0\boldsymbol{v}_{161}+4\boldsymbol{v}_{132}+1\boldsymbol{v}_{162}\\&=(-1,0,0,0,0,0)^{\mathrm{T}}\end{aligned}$$

（用两法计算以作验算，表中在具体列向量上方用“0　0　0　4　1→”表示）

$$\boldsymbol{v}''_{161}=(\boldsymbol{A}-\boldsymbol{E})\boldsymbol{v}'_{162}=(6,5,4,3,2,1)^{\mathrm{T}}$$

于是得向量链组基

$$\begin{matrix}\boldsymbol{v}'_{131} & \boldsymbol{v}_{151} & \boldsymbol{v}''_{161}\\ \boldsymbol{v}_{132} & & \boldsymbol{v}'_{162}\\ & & \boldsymbol{v}_{163}\end{matrix}$$

转换矩阵

$$\boldsymbol{T}=(\boldsymbol{v}'_{131}\quad \boldsymbol{v}_{132}\quad \boldsymbol{v}_{151}\quad \boldsymbol{v}''_{161}\quad \boldsymbol{v}'_{162}\quad \boldsymbol{v}_{163})$$

$$=\begin{pmatrix}3 & -\frac{6}{7} & -4 & 6 & -1 & 0\\ 2 & -\frac{1}{7} & -2 & 5 & 0 & -\frac{1}{7}\\ 1 & 0 & 0 & 4 & 0 & 0\\ 0 & \frac{1}{7} & 2 & 3 & 0 & 0\\ 0 & 0 & 1 & 2 & 0 & 0\\ 0 & 0 & 0 & 1 & 0 & 0\end{pmatrix}$$

$$\boldsymbol{T}^{-1}\boldsymbol{A}\boldsymbol{T}=\boldsymbol{J}=\mathrm{diag}\left(\begin{pmatrix}1 & 1\\ & 1\end{pmatrix},(1),\begin{pmatrix}1 & 1 & \\ & 1 & 1\\ & & 1\end{pmatrix}\right)$$

	$A-E$						v'_{131}							
							$\longleftarrow$					$\rightarrow$	$\rightarrow$	
	$(u_1$	u_2	u_3	u_4	u_5	$u_6)$	v_{131}	v_{151}	v_{161}	v_{132}	v_{162}	v_{163}	v'_{162}	v''_{161}
							$(\beta_3$	β_5	$\beta_6)$	$(\tilde{\beta}_3$	$\tilde{\beta}_6)$			
							0	0	0	4	1	$\longrightarrow$		
	①						③			⑥		⑨		
$-6\cdot(6)$	−6	7	4	−8	6	−3	3	−4	2	$-\frac{6}{7}$	$\frac{17}{7}$	0	−1	6
$-5\cdot(6)$	−5	0	15	−16	12	−6	2	−2	1	$-\frac{1}{7}$	$\frac{4}{7}$	$-\frac{1}{7}$	0	5
$-4\cdot(6)$	−4	0	12	−17	18	−9	1	0	0	0	0	0	0	4
$-3\cdot(6)$	−3	0	9	−18	24	−12	0	2	−1	$\frac{1}{7}$	$-\frac{4}{7}$	0	0	3
$-2\cdot(6)$	−2	0	6	−12	16	−8	0	1	0	0	0	0	0	2
	−1	0	3	−6	8	−4	0	0	1	0	0	0	0	1
$-4\cdot(3)$	0	7	−14	28	−42	21	3	−4	−4	$-\frac{6}{7}$	$\frac{17}{7}$			
$-2\cdot(3)$	0	0	0	14	−28	14	2	−2	−4	$-\frac{1}{7}$	$\frac{4}{7}$			
	0	0	0	7	−14	7	1	0	−4	0	0			
	0	0	0	0	0	0	0	2	−4	$\frac{1}{7}$	$-\frac{4}{7}$			
	0	0	0	0	0	0	0	1	−2	0	0			
$+\frac{6}{7}\cdot(3)$	−1	0	3	−6	8	−4	0	0	1	0	0			
$\cdot\frac{1}{7}$	0	7	−14	0	14	−7	−1	−4	12	$-\frac{6}{7}$	$\frac{17}{7}$			
	0	0	0	0	0	0	0	−2	4	$-\frac{1}{7}$	$\frac{4}{7}$			
$\cdot\frac{1}{7}$	0	0	0	7	−14	7	1	0	−4	0	0			
	0	0	0	0	0	0	0	2	−4	$\frac{1}{7}$	$-\frac{4}{7}$			
	0	0	0	0	0	0	0	1	−2	0	0			
$\cdot -1$	−1	0	3	0	−4	2	$\frac{6}{7}$	0	$-\frac{17}{7}$	0	0			

→(2)	0	1	−2	0	2	−1	$-\frac{1}{7}$	$-\frac{4}{7}$	$\frac{12}{7}$	$-\frac{6}{49}$	$\frac{17}{49}$
→(6)	0	0	0	0	0	0	0	−2	4	0	0
	0	0	0	1	−2	1	$\frac{1}{7}$	0	$-\frac{4}{7}$	0	0
	0	0	0	0	0	0	0	2	−4	$\frac{1}{7}$	$-\frac{4}{7}$
	0	0	0	0	0	0	0	1	−2	0	0
→(1)	1	0	−3	0	4	−2	$-\frac{6}{7}$	0	$\frac{17}{7}$	0	0
	②						④				
	1	0	−3	0	4	−2	$-\frac{6}{7}$	0	$\frac{17}{7}$	0	0
$+\frac{4}{7}\cdot(5)$		1	−2	0	2	−1	$-\frac{1}{7}$	$-\frac{4}{7}$	$\frac{12}{7}$	$-\frac{6}{49}$	$\frac{17}{49}$
				1	−2	1	$\frac{1}{7}$	0	$-\frac{4}{7}$	0	0
$-2\cdot(5)$								2	−4	$\frac{1}{7}$	$-\frac{4}{7}$
								1	−2	0	0
$+2\cdot(5)$								−2	4	0	0
	②						⑤				
	1	0	−3	0	4	−2	$-\frac{6}{7}$	0	$\frac{17}{7}$	0	0
		1	−2	0	2	−1	$-\frac{1}{7}$	0	$\frac{4}{7}$	$-\frac{6}{49}$	$\frac{17}{49}$
				1	−2	1	$\frac{1}{7}$	0	$-\frac{4}{7}$	0	0
								0	0	$\frac{1}{7}$	$-\frac{4}{7}$
↕								1	−2	0	0
								0	0	0	0
										⑦	
	1	0	−3	0	4	−2	$-\frac{6}{7}$	0	$\frac{17}{7}$	0	0
$+\frac{6}{7}\cdot(5)$		1	−2	0	2	−1	$-\frac{1}{7}$	0	$\frac{4}{7}$	$-\frac{6}{49}$	$\frac{17}{49}$
				1	−2	1	$\frac{1}{7}$	0	$-\frac{4}{7}$	0	0
								1	−2	0	0
$\cdot 7$										$\frac{1}{7}$	$-\frac{4}{7}$

	②						⑤			⑧		
	1	0	-3	0	4	-2	$-\frac{6}{7}$	0	$\frac{17}{7}$	0	0	
		1	-2	0	2	-1	$-\frac{1}{7}$	0	$\frac{4}{7}$	0	$-\frac{1}{7}$	
				1	-2	1	$\frac{1}{7}$	0	$-\frac{4}{7}$	0	0	
								1	-2	0	0	
										1	-4	

例 2　设矩阵

$$
\boldsymbol{A}=\begin{pmatrix} 40 & 60 & 16 & 50 \\ -29 & -44 & -12 & -39 \\ -2 & -3 & 1 & -2 \\ 7 & 11 & 3 & 11 \end{pmatrix}
$$

求得特征根 $\lambda_1=2, n_1=4$. 列出计算表格.

由②求得空间 $\mathscr{M}_{11}$ 的 $\boldsymbol{v}_{131}, \boldsymbol{v}_{141}$，由②和⑤求得方程组

$$
(\boldsymbol{A}-2\boldsymbol{E})\boldsymbol{u}=\beta_3\boldsymbol{v}_{131}+\beta_4\boldsymbol{v}_{141}
$$

的通解

$$
\boldsymbol{u}=u_3\boldsymbol{v}_{131}+u_4\boldsymbol{v}_{141}+\beta_4\boldsymbol{v}_{142}
$$

$$
\begin{pmatrix} \beta_3 \\ \beta_4 \end{pmatrix}=\beta_4\begin{pmatrix} -\frac{1}{4} \\ 1 \end{pmatrix}
$$

取 $u_3=u_4=0, \beta_4=1$ 得 $\mathscr{M}_{12} \backslash \mathscr{M}_{11}$ 的 $\boldsymbol{v}_{142}$. 已求得空间 $\mathscr{M}_{12}$ 的基有 3 个线性无关向量，需补充 $\mathscr{M}_{13} \backslash \mathscr{M}_{12}$ 的一向量得 $\mathscr{M}_{13}=\mathscr{U}_1$ 的基：由②，⑤，⑦得方程组

$$
(\boldsymbol{A}-2\boldsymbol{E})\boldsymbol{u}=\beta_3\boldsymbol{v}_{131}+\beta_4\boldsymbol{v}_{141}+\widetilde{\beta}_4\boldsymbol{v}_{142}
$$

的通解

$$
\boldsymbol{u}=u_3\boldsymbol{v}_{131}+u_4\boldsymbol{v}_{141}+\beta_4\boldsymbol{v}_{142}+\widetilde{\beta}_4\boldsymbol{v}_{143}
$$

$$\begin{pmatrix} \beta_3 \\ \beta_4 \\ \widetilde{\beta}_4 \end{pmatrix} = \beta_4 \begin{pmatrix} -\frac{1}{4} \\ 1 \\ 0 \end{pmatrix} + \widetilde{\beta}_4 \begin{pmatrix} -\frac{1}{16} \\ 0 \\ 1 \end{pmatrix}$$

取 $u_3 = u_4 = \beta_4 = 0, \widetilde{\beta}_4 = 1$ 得 $\mathscr{M}_{13} \backslash \mathscr{M}_{12}$ 的 v_{143}，它适合

$$\boldsymbol{v}'_{142} \overset{\triangle}{=} (\boldsymbol{A} - 2\boldsymbol{E})\boldsymbol{v}_{143} = -\frac{1}{16}\boldsymbol{v}_{131} + 0\boldsymbol{v}_{141} + 1\boldsymbol{v}_{142}$$

于是得 $\mathscr{M}_{14} = \mathscr{U}_1$ 的基

$$\begin{matrix} \boldsymbol{v}_{131} & \boldsymbol{v}_{141} \\ & \boldsymbol{v}_{142} \\ & \boldsymbol{v}_{143} \end{matrix}$$

再改成向量链组基：以 $\boldsymbol{v}'_{142}$ 取代 $\boldsymbol{v}_{142}$，以 $\boldsymbol{v}''_{141} = (\boldsymbol{A} - 2\boldsymbol{E})\boldsymbol{v}'_{142}$ 取代 $\boldsymbol{v}_{141}$ 得 $\mathscr{M}_{14} = \mathscr{U}_1$ 的所述基

$$\begin{matrix} \boldsymbol{v}_{131} & \boldsymbol{v}''_{141} \\ & \boldsymbol{v}'_{142} \\ & \boldsymbol{v}_{143} \end{matrix}$$

$$\boldsymbol{T} = \begin{pmatrix} -2 & \frac{11}{2} & -\frac{1}{8} & \frac{11}{16} \\ 1 & -\frac{17}{4} & \frac{3}{16} & -\frac{7}{16} \\ 0 & -\frac{1}{4} & -\frac{1}{16} & 0 \\ 0 & 1 & 0 & 0 \end{pmatrix}$$

$$\boldsymbol{T}^{-1}\boldsymbol{A}\boldsymbol{T} = \boldsymbol{J} = \begin{pmatrix} 2 & & & \\ & 2 & 1 & \\ & & 2 & 1 \\ & & & 2 \end{pmatrix}$$

	$\boldsymbol{A}-2\boldsymbol{E}$ $(u_1$	u_2	u_3	$u_4)$	$\boldsymbol{v}_{131}$ $(\beta_3$ $-\frac{1}{16}$	$\boldsymbol{v}_{141}$ $\beta_4)$ 0	$\boldsymbol{v}_{142}$ $(\tilde{\beta}_4)$ 1	$\longrightarrow$ $\boldsymbol{v}_{143}$	$\longrightarrow$ $\boldsymbol{v}'_{142}$	$\boldsymbol{v}''_{141}$
	①									
$+19\cdot(3)$	38	60	16	50	-2	5	$-\frac{1}{4}$	$\frac{11}{16}$	$-\frac{1}{8}$	$\frac{11}{2}$
$+(4)$	-29	-46	-12	-39	1	-4	$\frac{1}{4}$	$-\frac{7}{16}$	$\frac{3}{16}$	$-\frac{17}{4}$
	-2	-3	-1	-2	1	0	0	0	$-\frac{1}{16}$	$-\frac{1}{4}$
$-(2)$	7	11	3	9	0	1	0	0	0	1
$\cdot\frac{1}{3}$	0	3	-3	12	17	5	$-\frac{1}{4}$			
$-11\cdot(3)$	-22	-35	-9	-30	1	-3	$\frac{1}{4}$			
	-2	-3	-1	-2	1	0	0			
$+18\cdot(3)$	36	57	15	48	-1	5	$-\frac{1}{4}$			
	0	1	-1	4	$\frac{17}{3}$	$\frac{5}{3}$	$-\frac{1}{12}$			
$+2\cdot(1)$	0	-2	2	-8	-10	-3	$\frac{1}{4}$			
$+3\cdot(1)$	-2	-3	-1	-2	1	0	0			
$-3\cdot(1)$	0	3	-3	12	17	5	$-\frac{1}{4}$			
	0	1	-1	4	$\frac{17}{3}$	$\frac{5}{3}$	$-\frac{1}{12}$			
	0	0	0	0	$\frac{4}{3}$	$\frac{1}{3}$	$\frac{1}{12}$			
$\cdot-\frac{1}{2}$	-2	0	-4	10	18	5	$-\frac{1}{4}$			
	0	0	0	0	0	0	0			
$\to(2)$	0	1	-1	4	$\frac{17}{3}$	$\frac{5}{3}$	$-\frac{1}{12}$			
$\to(3)$	0	0	0	0	$\frac{4}{3}$	$\frac{1}{3}$	$\frac{1}{12}$			
$\to(1)$	1	0	2	-5	-9	$-\frac{5}{2}$	$\frac{1}{8}$			
	0	0	0	0	0	0	0			
	②				④					
$+\frac{27}{4}\cdot(3)$	1	0	2	-5	-9	$-\frac{5}{2}$	$\frac{1}{8}$			
$-\frac{17}{4}\cdot(3)$		1	-1	4	$\frac{17}{13}$	$\frac{5}{3}$	$-\frac{1}{12}$			
$\cdot\frac{3}{4}$					$\frac{4}{3}$	$\frac{1}{3}$	$\frac{1}{12}$			

	②				⑤		⑦	
	1	0	2	−5	0	$-\frac{1}{4}$	$\frac{11}{16}$	
		1	−1	4	0	$\frac{1}{4}$	$-\frac{7}{16}$	
					1	$\frac{1}{4}$	$\frac{1}{16}$	

例 3　设矩阵

$$\boldsymbol{A}=\begin{pmatrix}-2 & -1 & -1 & -1\\ 2 & 1 & 3 & 2\\ 1 & 1 & 0 & 1\\ -1 & -1 & -2 & -2\end{pmatrix}$$

求得特征根

$$\lambda_1=0,n_1=1$$
$$\lambda_2=-1,n_2=3$$

求与特征根 $\lambda_1=0$ 相应的线性无关特征向量组得

$$\boldsymbol{v}_{111}=(-1,3,1,-2)^{\mathrm{T}}$$

对矩阵 $\boldsymbol{A}-\lambda_2\boldsymbol{E}=\boldsymbol{A}+\boldsymbol{E}$,列出计算表格.

从 ② 和 ④ 得方程组

$$(\boldsymbol{A}+\boldsymbol{E})\boldsymbol{u}=\beta_2\boldsymbol{v}_{221}+\beta_4\boldsymbol{v}_{241}$$

的通解

$$\boldsymbol{u}=u_2\boldsymbol{v}_{221}+u_4\boldsymbol{v}_{241}+\beta_4\boldsymbol{v}_{242}$$
$$\begin{pmatrix}\beta_2\\ \beta_4\end{pmatrix}=\beta_4\begin{pmatrix}-1\\ 1\end{pmatrix}$$

取 $u_2=u_4=0,\beta_4=1$ 得 $\mathscr{M}_{22}\backslash\mathscr{M}_{21}$ 的向量 $\boldsymbol{v}_{242}$,它适合

$$\boldsymbol{v}'_{241}\stackrel{\triangle}{=}(\boldsymbol{A}+\boldsymbol{E})\boldsymbol{v}_{242}=-1\boldsymbol{v}_{221}+1\boldsymbol{v}_{241}$$

于是得空间 $\mathscr{M}_{22}$ 的基

$$\begin{matrix}\boldsymbol{v}_{221} & \boldsymbol{v}_{241}\\ & \boldsymbol{v}_{242}\end{matrix}$$

再改为向量链组基

$$\boldsymbol{v}_{221} \quad \boldsymbol{v}'_{241}$$

$$\boldsymbol{v}_{242}$$

$$\boldsymbol{T} = (\boldsymbol{v}_{111}, \boldsymbol{v}_{221}, \boldsymbol{v}'_{241}, \boldsymbol{v}_{242}) = \begin{pmatrix} -1 & -1 & 0 & 1 \\ 3 & 1 & -1 & 0 \\ 1 & 0 & 0 & -1 \\ -2 & 0 & 1 & 0 \end{pmatrix}$$

$$\boldsymbol{T}^{-1}\boldsymbol{A}\boldsymbol{T} = \boldsymbol{J} = \begin{pmatrix} 0 & & & \\ & -1 & & \\ & & -1 & 1 \\ & & & -1 \end{pmatrix}$$

	A + E				v_{221}	v_{241}	v_{242} →	v'_{241}
	(u_1	u_2	u_3	u_4)	(β_2	β_4)		
					−1	1	→	
+(3)	−1	−1	−1	−1	−1	−1	1	0
−2·(3)	2	2	3	2	1	0	0	−1
	1	1	1	1	0	0	−1	0
+(3)	−1	−1	−2	−1	0	1	0	1
	0	0	0	0	−1	−1		
	0	0	1	0	1	0		
−(2)	1	1	1	1	0	0		
+(2)	0	0	−1	0	0	1		
	②							
	0	0	0	0	−1	−1		
+(1)	0	0	1	0	1	0		
−(1)	1	1	0	1	−1	0		
+(1)	0	0	0	0	1	1		
	②				④			
	0	0	0	0	−1	−1		
	0	0	1	0	0	−1		
	1	1	0	1	0	1		
	0	0	0	0	0	0		

例4　设矩阵

$$A=\begin{pmatrix}1&1&1&1&1&1\\ &2&0&1&2&3\\ &&2&0&1&-1\\ &&&2&1&2\\ &&&&2&0\\ &&&&&2\end{pmatrix}$$

求得特征根

$$\lambda_1=1,n_1=1$$
$$\lambda_2=2,n_2=5$$

求矩阵$\boldsymbol{A}$与特征根$\lambda_1=1$相应的线性无关向量组

$$\boldsymbol{v}_{111}=(1,0,0,0,0,0)^{\mathrm{T}}$$

对矩阵$\boldsymbol{A}-2\boldsymbol{E}$列出计算表格.

从②和④得方程组

$$(\boldsymbol{A}-2\boldsymbol{E})\boldsymbol{u}=\beta_2\boldsymbol{v}_{221}+\beta_3\boldsymbol{v}_{231}$$

的通解(即β_2,β_3均为任意常数)

$$\boldsymbol{u}=u_2\boldsymbol{v}_{221}+u_3\boldsymbol{v}_{231}+\beta_2\boldsymbol{v}_{222}+\beta_3\boldsymbol{v}_{232}$$

取

$$u_2=u_3=0;\beta_2=1,\beta_3=0\text{ 或 }\beta_2=0,\beta_3=1$$

得$\mathscr{M}_{22}\backslash\mathscr{M}_{21}$的向量$\boldsymbol{v}_{223},\boldsymbol{v}_{233}$,它们适合

$$(\boldsymbol{A}-2\boldsymbol{E})\boldsymbol{v}_{222}=\boldsymbol{v}_{221},(\boldsymbol{A}-2\boldsymbol{E})\boldsymbol{v}_{232}=\boldsymbol{v}_{231}$$ ①

从②,④,⑦得方程组

$$(\boldsymbol{A}-2\boldsymbol{E})\boldsymbol{u}=\beta_2\boldsymbol{v}_{221}+\beta_3\boldsymbol{v}_{231}+\widetilde{\beta}_2\boldsymbol{v}_{222}+\widetilde{\beta}_3\boldsymbol{v}_{232}$$

的通解

---

① 例1中注之特例:所有待定常数均为自由未知量.

$$\boldsymbol{u} = u_2\boldsymbol{v}_{221} + u_3\boldsymbol{v}_{231} + \beta_2\boldsymbol{v}_{221} + \beta_3\boldsymbol{v}_{232} + \widetilde{\beta}_2\boldsymbol{v}_{223}$$

$$\begin{pmatrix}\widetilde{\beta}_2\\ \widetilde{\beta}_3\end{pmatrix} = \widetilde{\beta}_2\begin{pmatrix}1\\0\end{pmatrix}$$

取

$$u_2 = u_3 = \beta_2 = \beta_3 = 0, \widetilde{\beta}_2 = 1$$

得 $\mathscr{M}_{23}\backslash\mathscr{M}_{22}$ 中的 $\boldsymbol{v}_{223}$，它适合

$$(\boldsymbol{A} - 2\boldsymbol{E})\boldsymbol{v}_{223} = 0\boldsymbol{v}_{221} + 0\boldsymbol{v}_{231} + 1\boldsymbol{v}_{222} + 0\boldsymbol{v}_{232} = \boldsymbol{v}_{222}$$ ①

于是 $\boldsymbol{v}_{221}, \boldsymbol{v}_{222}, \boldsymbol{v}_{223}, \boldsymbol{v}_{231}, \boldsymbol{v}_{232}$ 便是空间 $\mathscr{M}_{23} = \mathscr{U}_2$ 的向量链组基

$$\boldsymbol{T} = (\boldsymbol{v}_{111}, \boldsymbol{v}_{221}, \boldsymbol{v}_{222}, \boldsymbol{v}_{223}, \boldsymbol{v}_{231}, \boldsymbol{v}_{232}) = \begin{pmatrix} 1 & 1 & 0 & -1 & 1 & -1 \\ 0 & 1 & 0 & 0 & 0 & 0 \\ 0 & 0 & 0 & 0 & 1 & 0 \\ 0 & 0 & 1 & -\frac{5}{3} & 0 & -\frac{1}{3} \\ 0 & 0 & 0 & \frac{1}{3} & 0 & \frac{2}{3} \\ 0 & 0 & 0 & \frac{1}{3} & 0 & -\frac{1}{3} \end{pmatrix}$$

$$\boldsymbol{T}^{-1}\boldsymbol{A}\boldsymbol{T} = \boldsymbol{J} = \operatorname{diag}\left((1), \begin{pmatrix} 2 & 1 & \\ & 2 & 1 \\ & & 2 \end{pmatrix}, \begin{pmatrix} 2 & 1 \\ & 2 \end{pmatrix}\right)$$

① 实际即例 1 中注的结论.

	$A-2E$ (u_1		u_2	u_3		u)	v_{221} (β_2	v_{231} β_3)	v_{222} ($\tilde{\beta}_2$	v_{232} $\tilde{\beta}_3$)	v_{223}
$-(2)$	-1	1	1	1	1	1	1	1	0	-1	-1
		0	0	1	2	3	1	0	0	0	0
			0	0	1	-1	0	1	0	0	0
$-(3)$				0	1	2	0	0	1	$-\frac{1}{3}$	$-\frac{5}{3}$
					0	0	0	0	0	$\frac{2}{3}$	$\frac{1}{3}$
						0	0	0	0	$-\frac{1}{3}$	$\frac{1}{3}$
$+(3)$	-1	1	1	0	-1	-2	0	1	0	-1	
$-2\cdot(3)$				1	2	3	1	0	0	0	
					1	-1	0	1	0	0	
$\cdot\frac{1}{3}$					0	3	0	-1	1	$-\frac{1}{3}$	
										$\frac{2}{3}$	
										$-\frac{1}{3}$	
$+3\cdot(4)$	-1	1	1	0	0	-3	0	2	0	-1	
$-5\cdot(4)$				1	0	5	1	-2	0	0	
$+(4)$					1	-1	0	1	0	0	
						1	0	$-\frac{1}{3}$	$\frac{1}{3}$	$-\frac{1}{9}$	
										$\frac{2}{3}$	
										$-\frac{1}{3}$	
	②						④				
$-4\cdot(6)$	-1	1	1	0	0	0	0	1	1	$-\frac{4}{3}$	
$+\frac{5}{3}\cdot(6)$				1	0	0	1	$-\frac{1}{3}$	$-\frac{5}{3}$	$\frac{5}{9}$	
$-\frac{1}{3}\cdot(6)$					1	0	0	$\frac{2}{3}$	$\frac{1}{3}$	$-\frac{1}{9}$	
$-\frac{1}{3}\cdot(6)$						1	0	$-\frac{1}{3}$	$\frac{1}{3}$	$-\frac{1}{9}$	
$+2\cdot(6)$										$\frac{2}{3}$	
$\cdot-3$										$-\frac{1}{3}$	
	②						④		⑦		
	-1	1	1	0	0	0	0	1	1	0	
				1	0	0	1	$-\frac{1}{3}$	$-\frac{5}{3}$	0	
					1	0	0	$\frac{2}{3}$	$\frac{1}{3}$	0	
						1	0	$-\frac{1}{3}$	$\frac{1}{3}$	0	
										0	
										1	

例 5 设矩阵

$$A=\begin{pmatrix}3 & -1 & 1\\ 2 & 0 & 1\\ 1 & -1 & 2\end{pmatrix}$$

解微分方程组($\boldsymbol{x}=(x_1,x_2,x_3)^{\mathrm{T}}$)

$$\frac{\mathrm{d}}{\mathrm{d}t}\boldsymbol{x}=\boldsymbol{A}\boldsymbol{x}$$

解 求得特征根

$$\lambda_1=1,n_1=1$$

$$\lambda_2=2,n_2=2$$

求矩阵 $\boldsymbol{A}$ 与特征根 $\lambda_1=1$ 相应的线性无关特征向量组

$$\boldsymbol{v}_{111}=(0,1,1)^{\mathrm{T}}$$

对矩阵 $\boldsymbol{A}-2\boldsymbol{E}$ 列出计算表格.

从 ② 和 ④ 得方程组

$$(\boldsymbol{A}-2\boldsymbol{E})\boldsymbol{u}=\beta_2\boldsymbol{v}_{221}$$

的通解

$$\boldsymbol{u}=u_2\boldsymbol{v}_{221}+\beta_2\boldsymbol{v}_{222}$$

取 $u_2=0,\beta_2=1$ 得 $\mathscr{M}_{22}\backslash\mathscr{M}_{21}$ 的向量 $\boldsymbol{v}_{222}$,它适合

$$(\boldsymbol{A}-2\boldsymbol{E})\boldsymbol{v}_{222}=1\boldsymbol{v}_{221}$$ ①

于是得空间 $\mathscr{M}_{22}=\mathscr{U}_2$ 的向量链组基

$$\boldsymbol{v}_{221},\boldsymbol{v}_{222}$$

$$\boldsymbol{T}=(\boldsymbol{v}_{111},\boldsymbol{v}_{221},\boldsymbol{v}_{222})=\begin{pmatrix}0 & 1 & 0\\ 1 & 1 & 0\\ 1 & 0 & 1\end{pmatrix}$$

① 所有待定常数均为自由未知量,见上例中注.

按本章3.1节的式(7)可得上述微分方程组的基础解系为

$$\boldsymbol{v}_{111}e^{t}=\begin{pmatrix}0\\1\\1\end{pmatrix}e^{t}$$

$$e^{2t}(t\boldsymbol{v}_{221}+\boldsymbol{v}_{222})=e^{2t}\left(t\begin{pmatrix}1\\1\\0\end{pmatrix}+\begin{pmatrix}0\\0\\1\end{pmatrix}\right)$$

$$e^{2t}\boldsymbol{v}_{221}=e^{2t}\begin{pmatrix}1\\1\\0\end{pmatrix}$$

通解为(α,β,γ 为任意常数,上三式分别乘 α,β,γ 相加)

$$\boldsymbol{x}=e^{2t}\begin{pmatrix}\beta t+\gamma\\\beta t+\gamma\\\beta\end{pmatrix}+e^{t}\begin{pmatrix}0\\\alpha\\\alpha\end{pmatrix}=\begin{pmatrix}(\beta t+\gamma)e^{2t}\\(\beta t+\gamma)e^{2t}+\alpha e^{t}\\\beta e^{2t}+\alpha e^{t}\end{pmatrix}$$

	$\boldsymbol{A}-2\boldsymbol{E}$ (u_1	u_2	u_3)	← v_{221} (β_2)	v_{222}
−(3)	1	−1	1	1	0
−2·(3)	2	−2	1	1	0
	1	−1	0	0	1
−(2)	0	0	1	1	
	0	0	1	1	
	1	−1	0	0	
	②			④	
	0	0	0	0	
	0	0	1	1	
	1	−1	0	0	

例 6 设矩阵

$$A=\begin{pmatrix} a & 0 & 1 & & & & \\ & a & 0 & 1 & & & \\ & & a & 0 & 1 & & \\ & & & a & 0 & 1 & \\ & & & & a & 0 & 1 \\ & & & & & a & 0 \\ & & & & & & a \end{pmatrix}$$

特征根

$$\lambda_1=a,n_1=7$$

对矩阵 $A-aE$ 列出表格计算,得

$$T=(v_{111},v_{112},v_{113},v_{114},v_{121},v_{122},v_{123})$$

$$=\begin{pmatrix} 1 & 0 & 0 & 0 & 0 & 0 & 0 \\ 0 & 0 & 0 & 0 & 1 & 0 & 0 \\ 0 & 1 & 0 & 0 & 0 & 0 & 0 \\ 0 & 0 & 0 & 0 & 0 & 1 & 0 \\ 0 & 0 & 1 & 0 & 0 & 0 & 0 \\ 0 & 0 & 0 & 0 & 0 & 0 & 1 \\ 0 & 0 & 0 & 1 & 0 & 0 & 0 \end{pmatrix}$$

$$T^{-1}AT=\mathrm{diag}\left(\begin{pmatrix} a & 1 & & \\ & a & 1 & \\ & & a & 1 \\ & & & a \end{pmatrix},\begin{pmatrix} a & 1 & \\ & a & 1 \\ & & a \end{pmatrix}\right)$$

$A-aE$							v_{111}	v_{121}	v_{112}	v_{122}	v_{113}	v_{123}	v_{114}
0	0	1	0	0	0	0	1	0	0	0	0	0	0
	0	0	1	0	0	0	0	1	0	0	0	0	0
		0	0	1	0	0	0	0	1	0	0	0	0
			0	0	1	0	0	0	0	1	0	0	0
				0	0	1	0	0	0	0	1	0	0
					0	0	0	0	0	0	0	1	0
						0	0	0	0	0	0	0	1

例 7 设矩阵

$$A=\begin{pmatrix}1&2&3&4\\&1&2&3\\&&1&1\\&&&1\end{pmatrix}$$

求得特征根 $\lambda_1=1, n_1=4$.

对矩阵 $A-E$ 列出计算表格，得

$$T=(v_{111},v_{112},v_{113},v_{114})$$

$$=\begin{pmatrix}1&0&0&0\\0&\frac{1}{2}&-\frac{3}{8}&\frac{5}{16}\\0&0&\frac{1}{4}&-\frac{3}{8}\\0&0&0&\frac{1}{8}\end{pmatrix}$$

$$T^{-1}AT=J=\begin{pmatrix}1&1&&\\&1&1&\\&&1&1\\&&&1\end{pmatrix}$$

	$A-E$				← v_{111}	← v_{112}	← v_{113}	v_{114}
	0	2	3	4	1	0	0	0
		0	2	3	0	$\frac{1}{2}$	$-\frac{3}{8}$	$\frac{5}{16}$
$\cdot\frac{1}{2}$			0	2	0	0	$\frac{1}{4}$	$-\frac{3}{8}$
				0	0	0	0	$\frac{1}{8}$
$-4\cdot(3)$	0	2	3	4	1	0	0	
$-3\cdot(3)$		0	2	3	0	$\frac{1}{2}$	$-\frac{3}{8}$	
			0	1	0	0	$\frac{1}{8}$	
				0	0	0	0	
	0	2	3	0	1	0	$-\frac{1}{2}$	
$\cdot\frac{1}{2}$		0	2	0	0	$\frac{1}{2}$	$-\frac{3}{4}$	
			0	1	0	0	$\frac{1}{8}$	
				0	0	0	0	
$-3\cdot(2)$	0	2	3	0	1	0	$-\frac{1}{2}$	
		0	1	0	0	$\frac{1}{4}$	$-\frac{3}{8}$	
			0	1	0	0	$\frac{1}{8}$	
				0	0	0	0	
$\cdot\frac{1}{2}$	0	2	0	0	1	$-\frac{3}{4}$	$\frac{5}{8}$	
		0	1	0	0	$\frac{1}{4}$	$-\frac{3}{8}$	
			0	1	0	0	$\frac{1}{8}$	
				1	0	0	0	
	0	1	0	0	$\frac{1}{2}$	$-\frac{3}{8}$	$\frac{5}{16}$	
		0	1	0	0	$\frac{1}{4}$	$-\frac{3}{8}$	
			0	1	0	0	$\frac{1}{8}$	
				0	0	0	0	

线性代数基础

第4章

如果矩阵没有相重特征值,则通过相似变换总可以化为对角线形式,可是有相重的特征值时,化到对角线形式的变换就可能不存在. 具有相重特征值的矩阵集合只是全部矩阵空间的一部分,因此,不能化为对角线形式的情况是个别的. 然而研究这些矩阵的结构无论对于实际的和理论的应用都有重要的意义. 在计算数学中,当矩阵的元素给得不精确时,单特征值和重特征值之间的界限就不很明显,因为对矩阵的元素稍加改变,总可以把有重特征值的矩阵变为具有单特征值的矩阵. 所以,在代数的数值计算中,研究具有重特征值的矩阵是非常重要的,这对于正确地理解那些有着很相近但又不相同的特征值的矩阵之结构来说,是有帮助的. 在应用中会经常碰到这样的矩阵.

本章研究不能化为对角线形式矩阵的结构，并且顺便指出任何矩阵通过相似变换都可以化为某一种简单的标准型，这种标准型是对角线形的推广.

4.1 不变子空间

设$\boldsymbol{A}$为作用在n维空间R中的算子. 空间R的子空间P称为关于算子$\boldsymbol{A}$的不变子空间，如果P中的向量通过算子$\boldsymbol{A}$的变换仍为P中的向量，即由$\boldsymbol{X} \in P$推得$\boldsymbol{AX} \in P$(或简写为$\boldsymbol{A}P \subset P$).

由上述定义可以推得，如果P是$\boldsymbol{A}$的不变子空间，则它也是算子$f(\boldsymbol{A})$的不变子空间，此处$f(t)$是任意多项式. 事实上，若$\boldsymbol{X} \in P$，且P为不变子空间，则$\boldsymbol{AX} \in P, \boldsymbol{A}^2\boldsymbol{X} \in P, \cdots$，因而$f(\boldsymbol{A})\boldsymbol{X} \in P$.

特别要指出，对于算子$\boldsymbol{A}$不变的子空间，必然也是算子$\boldsymbol{A} - \mu\boldsymbol{E}$($\mu$是任意的)的不变子空间. 相反的断言也正确：若子空间对于算子$\boldsymbol{A} - \mu\boldsymbol{E}$是不变的，则它对于算子$\boldsymbol{A}$也是不变的，因为$\boldsymbol{A} = \boldsymbol{A} - \mu\boldsymbol{E} + \mu\boldsymbol{E}$.

显然，全空间以及由零向量构成的空间都是不变子空间. 算子$\boldsymbol{A}$的一个或若干个特征向量张成的子空间就是一个非平凡的不变子空间. 事实上，设$\boldsymbol{X}_1, \boldsymbol{X}_2, \cdots, \boldsymbol{X}_k$是算子$\boldsymbol{A}$的特征向量，而$P$是由它们张成的子空间，则任一属于$P$的向量$\boldsymbol{X}$可以表为$\boldsymbol{X} = c_1\boldsymbol{X}_1 + \cdots + c_k\boldsymbol{X}_k$，因此，$\boldsymbol{AX} = c_1\boldsymbol{AX}_1 + \cdots + c_k\boldsymbol{AX}_k = c_1\lambda_1\boldsymbol{X}_1 + \cdots + c_k\lambda_k\boldsymbol{X}_k$(在$\lambda_1, \cdots, \lambda_k$中可能有相等的). 在算子$\boldsymbol{A}$的所有特征值各不相同的情况下，正如我们下面可以看到的，该算子的所有不变子空间都包括在上述子空间里.

另一类重要的不变子空间是循环子空间. 为了确定这个概念，我们考虑下面的结构. 设给定了向量$\boldsymbol{X}_0$.

构造向量系 $\boldsymbol{X}_0,\boldsymbol{A}\boldsymbol{X}_0,\boldsymbol{A}^2\boldsymbol{X}_0,\cdots$. 显然,在这个向量系中,到某一时刻会第一次遇到向量 $\boldsymbol{A}^q\boldsymbol{X}_0$,它是前面向量 $\boldsymbol{X}_0,\boldsymbol{A}\boldsymbol{X}_0,\cdots,\boldsymbol{A}^{q-1}\boldsymbol{X}_0$ 的线性组合.

所谓由向量 $\boldsymbol{X}_0$ 生成的循环子空间 Q 就是由 $\boldsymbol{X}_0$,$\boldsymbol{A}\boldsymbol{X}_0,\cdots,\boldsymbol{A}^{q-1}\boldsymbol{X}_0$ 张成的子空间. 因为 $\boldsymbol{X}_0,\boldsymbol{A}\boldsymbol{X}_0,\cdots$,$\boldsymbol{A}^{q-1}\boldsymbol{X}_0$ 线性无关,所以它们组成循环子空间 Q 的基底,因此 Q 的维数就等于幂指数 q.

现在来证明,由 $\boldsymbol{X}_0$ 生成的循环子空间是包括 $\boldsymbol{X}_0$ 的最小的不变子空间,即 Q 本身就是一个不变子空间,它含在任何一个包含 $\boldsymbol{X}_0$ 的不变子空间内.

事实上,设 $\boldsymbol{A}^q\boldsymbol{X}_0=\gamma_0\boldsymbol{X}_0+\cdots+\gamma_{q-1}\boldsymbol{A}^{q-1}\boldsymbol{X}_0$,并设 $\boldsymbol{Y}\in Q$,则

$$
\begin{aligned}
\boldsymbol{Y} &= c_0\boldsymbol{X}_0+c_1\boldsymbol{A}\boldsymbol{X}_0+\cdots+c_{q-2}\boldsymbol{A}^{q-2}\boldsymbol{X}_0+c_{q-1}\boldsymbol{A}^{q-1}\boldsymbol{X}_0\\
\boldsymbol{A}\boldsymbol{Y} &= c_0\boldsymbol{A}\boldsymbol{X}_0+c_1\boldsymbol{A}^2\boldsymbol{X}_0+\cdots+c_{q-2}\boldsymbol{A}^{q-1}\boldsymbol{X}_0+c_{q-1}\boldsymbol{A}^q\boldsymbol{X}_0\\
&= c_0\boldsymbol{A}\boldsymbol{X}_0+c_1\boldsymbol{A}^2\boldsymbol{X}_0+\cdots+c_{q-2}\boldsymbol{A}^{q-1}\boldsymbol{X}_0+\\
&\quad c_{q-1}(\gamma_0\boldsymbol{X}_0+\gamma_1\boldsymbol{A}\boldsymbol{X}_0+\cdots+\gamma_{q-1}\boldsymbol{A}^{q-1}\boldsymbol{X}_0)\\
&= c'_0\boldsymbol{X}_0+c'_1\boldsymbol{A}\boldsymbol{X}_0+\cdots+c'_{q-1}\boldsymbol{A}^{q-1}\boldsymbol{X}_0\in Q
\end{aligned}
$$

因而 Q 的不变性得证.

其次,设 Q' 为某一个包含 $\boldsymbol{X}_0$ 的不变子空间,则 $\boldsymbol{X}_0\in Q',\boldsymbol{A}\boldsymbol{X}_0\in Q',\cdots,\boldsymbol{A}^{q-1}\boldsymbol{X}_0\in Q'$,因此 $Q\subset Q'$. 这就证明了所有包含 $\boldsymbol{X}_0$ 的不变子空间中 Q 为最小.

为了今后的需要,还应指出,任何一个对于算子 $\boldsymbol{A}$ 的由 $\boldsymbol{X}_0$ 生成的循环子空间,一定也是对于算子 $\boldsymbol{A}-\mu\boldsymbol{E}$ 的循环子空间,这里 μ 是任意数. 事实上,算子 $\boldsymbol{A}$ 的每一个不变子空间,对于算子 $\boldsymbol{A}-\mu\boldsymbol{E}$ 也是不变子空间,反之亦然. 因而包含 $\boldsymbol{X}_0$ 的最小的不变子空间只有一个.

4.2 向量 X_0 的最小零化多项式

循环子空间的维数 q 还与下面的重要概念有关. 设 $\boldsymbol{A}$ 为给定的算子,我们把多项式 $\chi(t)$ 叫作向量 $\boldsymbol{X}_0$ 的零化多项式,如果 $\chi(\boldsymbol{A})\boldsymbol{X}_0=\boldsymbol{0}$. 在向量 $\boldsymbol{X}_0$ 的所有零化多项式中,存在着最低次的多项式 $\theta(t)$,它称为向量 $\boldsymbol{X}_0$ 的最小零化多项式,其次数等于由 $\boldsymbol{X}_0$ 生成的循环子空间的维数. 事实上,设 q 为由 $\boldsymbol{X}_0$ 生成的循环子空间的维数,且设 $\boldsymbol{A}^q\boldsymbol{X}_0=\gamma_0\boldsymbol{X}_0+\cdots+\gamma_{q-1}\boldsymbol{A}^{q-1}\boldsymbol{X}_0$. 令 $\theta(t)=t^q-\gamma_{q-1}t^{q-1}-\cdots-\gamma_0$,就得到 $\theta(\boldsymbol{A})\boldsymbol{X}_0=\boldsymbol{0}$,即 $\theta(t)$ 是向量 $\boldsymbol{X}_0$ 的零化多项式. 另一方面,如果多项式 $\chi(t)$ 是次数比 q 小的多项式,则 $\chi(\boldsymbol{A})\boldsymbol{X}_0\neq 0$,这是因为向量 $\boldsymbol{X}_0,\boldsymbol{A}\boldsymbol{X}_0,\cdots,\boldsymbol{A}^{q-1}\boldsymbol{X}_0$ 线性无关,因此次数为 q 的多项式 $\theta(t)$ 是向量 $\boldsymbol{X}_0$ 的最小零化多项式.

容易证明,向量 $\boldsymbol{X}_0$ 的任何一个零化多项式能被向量 $\boldsymbol{X}_0$ 的最小零化多项式整除. 事实上,假设 $\chi(\boldsymbol{A})\boldsymbol{X}_0=\boldsymbol{0}$,以多项式 $\theta(t)$ 除多项式 $\chi(t)$,得到 $\chi(t)=p(t)\theta(t)+r(t)$,余式 $r(t)$ 的次数比 q 小,因此 $\boldsymbol{0}=\chi(\boldsymbol{A})\boldsymbol{X}_0=p(\boldsymbol{A})\theta(\boldsymbol{A})\boldsymbol{X}_0+r(\boldsymbol{A})\boldsymbol{X}_0=r(\boldsymbol{A})\boldsymbol{X}_0$,由此 $r(t)=0$,否则 $\theta(t)$ 就不是向量 $\boldsymbol{X}_0$ 的最小零化多项式. 特别地,算子的最小多项式(因而特征多项式)能被 $\boldsymbol{X}_0$ 的最小零化多项式整除,所以任意一个循环子空间的维数不超过算子的最小多项式的次数.

定理 如果把向量 $\boldsymbol{X}$ 的最小零化多项式 $\theta(t)$ 展成互质的因式之积 $\theta(t)=\theta_1(t)\theta_2(t)\cdots\theta_s(t)$,则向量 $\boldsymbol{X}$ 可以表示为向量 $\boldsymbol{X}_1,\boldsymbol{X}_2,\cdots,\boldsymbol{X}_s$ 的和,这些向量分别被多项式 $\theta_1(t),\theta_2(t),\cdots,\theta_s(t)$ 零化. 同时,这些相加向量 $\boldsymbol{X}_1,\boldsymbol{X}_2,\cdots,\boldsymbol{X}_s$ 可以取自任意一个包含 $\boldsymbol{X}$ 的不变子

空间.

证明　显然,只对 $s=2$ 来证明定理就够了,因为可以用数学归纳法来证明一般情形. 由于 $\theta_1(t)$ 和 $\theta_2(t)$ 互质, 所以可找到这样两个多项式 $p_1(t)$ 和 $p_2(t)$,使 $\theta_1(t)p_1(t)+\theta_2(t)p_2(t)=1$[①],由这个等式可以引出算子等式

$$\theta_1(\boldsymbol{A})p_1(\boldsymbol{A})+\theta_2(\boldsymbol{A})p_2(\boldsymbol{A})=\boldsymbol{E}$$

因此也成立向量等式

$$\boldsymbol{X}=\theta_1(\boldsymbol{A})p_1(\boldsymbol{A})\boldsymbol{X}+\theta_2(\boldsymbol{A})p_2(\boldsymbol{A})\boldsymbol{X}$$

令

$$\boldsymbol{X}_1=\theta_2(\boldsymbol{A})p_2(\boldsymbol{A})\boldsymbol{X}$$
$$\boldsymbol{X}_2=\theta_1(\boldsymbol{A})p_1(\boldsymbol{A})\boldsymbol{X}$$

则

$$\boldsymbol{X}=\boldsymbol{X}_1+\boldsymbol{X}_2$$

而且

$$\begin{aligned}\theta_1(\boldsymbol{A})\boldsymbol{X}_1&=\theta_1(\boldsymbol{A})\theta_2(\boldsymbol{A})p_2(\boldsymbol{A})\boldsymbol{X}=\theta(\boldsymbol{A})p_2(\boldsymbol{A})\boldsymbol{X}\\&=p_2(\boldsymbol{A})\theta(\boldsymbol{A})\boldsymbol{X}=p_2(\boldsymbol{A})\boldsymbol{0}=\boldsymbol{0}\end{aligned}$$

并且类似地可得 $\theta_2(\boldsymbol{A})\boldsymbol{X}_2=0$.

所作的向量 $\boldsymbol{X}_1$ 和 $\boldsymbol{X}_2$ 属于任何一个包含 $\boldsymbol{X}$ 的不变子空间,因为若 $\boldsymbol{X}\in P$,而 P 是不变子空间,则

$$\boldsymbol{X}_1=\theta_2(\boldsymbol{A})p_2(\boldsymbol{A})\boldsymbol{X}\in P$$
$$\boldsymbol{X}_2=\theta_1(\boldsymbol{A})p_1(\boldsymbol{A})\boldsymbol{X}\in P$$

注　不难证明,多项式 $\theta_1(t),\cdots,\theta_s(t)$ 分别是向量 $\boldsymbol{X}_1,\cdots,\boldsymbol{X}_s$ 的最小零化多项式.

4.3　导出算子

设算子 $\boldsymbol{A}$ 作用于 n 维空间 R 上,并设 P 是这个算子

---

① 参看 А. Г. Курош,高等代数教程,中译本.

的不变子空间,则算子 $\boldsymbol{A}$ 使 P 中每一个向量对应于 P 中的某一个向量. 显然,这种变换是定义在 $\boldsymbol{P}$ 上的线性算子,叫作算子 $\boldsymbol{A}$ 在子空间 P 上的导出算子. 导出算子和算子 $\boldsymbol{A}$ 仅在定义区域上有差别.

设 P 为算子 $\boldsymbol{A}$ 的不变子空间,$\boldsymbol{U}_1,\cdots,\boldsymbol{U}_m$ 是 $\boldsymbol{P}$ 的基底,$\boldsymbol{U}_1,\cdots,\boldsymbol{U}_m,\boldsymbol{V}_1,\cdots,\boldsymbol{V}_{n-m}$ 是全空间的基底,现在阐明在这个基底中算子 $\boldsymbol{A}$ 的矩阵应有的形式. 向量 $\boldsymbol{AU}_1,\cdots,\boldsymbol{AU}_m$ 属于 P,亦即,它们仅是向量 $\boldsymbol{U}_1,\cdots,\boldsymbol{U}_m$ 的线性组合. 所以它们在所选基底中的坐标从第 $m+1$ 个起都等于零,因而算子 $\boldsymbol{A}$ 的矩阵有形式

$$\begin{bmatrix} a_{11} & \cdots & a_{1m} & a_{1,m+1} & \cdots & a_{1n} \\ \cdots & \cdots & \cdots & \cdots & \cdots & \cdots \\ a_{m1} & \cdots & a_{mm} & a_{m,m+1} & \cdots & a_{mn} \\ 0 & \cdots & 0 & a_{m+1,m+1} & \cdots & a_{m+1,n} \\ \cdots & \cdots & \cdots & \cdots & \cdots & \cdots \\ 0 & \cdots & 0 & a_{n,m+1} & \cdots & a_{nn} \end{bmatrix}$$

或简写为

$$\begin{bmatrix} \boldsymbol{A}_P & \boldsymbol{B} \\ \boldsymbol{0} & \widetilde{\boldsymbol{A}}_P \end{bmatrix}$$

这里 $\boldsymbol{A}_P$ 是 m 阶方阵,$\widetilde{\boldsymbol{A}}_P$ 是 $n-m$ 阶方阵,$\boldsymbol{B}$ 是 m 行 $n-m$ 列的矩阵,$\boldsymbol{0}$ 是零矩阵. 显然,$\boldsymbol{A}_P$ 是 P 上一个导出算子的矩阵. 如果空间 R 是两个不变子空间的直接和,则算子的矩阵还可以再简化. 事实上,设 $R=P_1+P_2$,取 P_1 的基底和 P_2 的基底的并作为 R 的基底,在这个基底中,算子 $\boldsymbol{A}$ 的矩阵显然取如下的形式

$$\begin{bmatrix} \boldsymbol{A}_{P_1} & \boldsymbol{0} \\ \boldsymbol{0} & \boldsymbol{A}_{P_2} \end{bmatrix}$$

其中 $\boldsymbol{A}_{P_1}$ 和 $\boldsymbol{A}_{P_2}$ 是 A 在 P_1 和 P_2 上的导出算子的矩阵.

如果空间分成 k 个不变子空间的直接和,则在由这些子空间的基底的并作成的基底中,算子 $\boldsymbol{A}$ 的矩阵具有拟对角线形式

$$\begin{bmatrix} \boldsymbol{A}_{P_1} & & & & \mathbf{0} \\ & \boldsymbol{A}_{P_2} & & & \\ & & \ddots & & \\ & & & \ddots & \\ \mathbf{0} & & & & \boldsymbol{A}_{P_k} \end{bmatrix} \tag{1}$$

其中 $\boldsymbol{A}_{P_1},\boldsymbol{A}_{P_2},\cdots,\boldsymbol{A}_{P_k}$ 是在 $P_1,P_2,\cdots,P_k$ 上的导出算子的矩阵.

由这个展开式可以引出下面的定理:

定理　如果空间 R 是算子 $\boldsymbol{A}$ 的不变子空间 P_1, $P_2,\cdots,P_k$ 的直接和,则算子 $\boldsymbol{A}$ 的特征多项式等于算子 $\boldsymbol{A}$ 在子空间 $P_1,P_2,\cdots,P_k$ 上导出算子 $\boldsymbol{A}_1,\boldsymbol{A}_2,\cdots,\boldsymbol{A}_k$ 的特征多项式的乘积.

为了证明这一定理,只需将矩阵(1)的主对角线元素减去 t,再利用定理:拟对角线矩阵的行列式等于其对角线方块的行列式的乘积.

如果把空间展成不变子空间的直接和中,有一维的不变子空间,即由特征向量张成的子空间,则相应的对角线方块将是一阶的方块,也就是矩阵的对角线元素. 显然,这些对角线元素是矩阵的特征值.

今后我们经常把“由算子 A 在 P 上的导出算子”这句话简称为“P 上的算子 A”.

4.4 根子空间

根子空间在不变子空间中起着特别重要的作用. 设 $\boldsymbol{X}$ 是一个向量,如果对某一整数 $m>0$,有 $(\boldsymbol{A}-\mu\boldsymbol{E})^m\boldsymbol{X}=\boldsymbol{0}$,则称向量 $\boldsymbol{X}$ 为对应于数 μ 的算子 $\boldsymbol{A}$ 的根向量. 显然,对应于定数 μ 的根向量的集合构成子空间. 事实上,如果 $(\boldsymbol{A}-\mu\boldsymbol{E})^{m_1}\boldsymbol{X}_1=\boldsymbol{0}$ 和 $(\boldsymbol{A}-\mu\boldsymbol{E})^{m_2}\boldsymbol{X}_2=\boldsymbol{0}$,则 $(\boldsymbol{A}-\mu\boldsymbol{E})^m(c_1\boldsymbol{X}_1+c_2\boldsymbol{X}_2)=\boldsymbol{0}$,此处 $m=\max(m_1,m_2)$. 这个子空间称为对应于数 μ 的根子空间. 可以证明,它是不变子空间. 事实上,若 $(\boldsymbol{A}-\mu\boldsymbol{E})^m\boldsymbol{X}=\boldsymbol{0}$,则

$$(\boldsymbol{A}-\mu\boldsymbol{E})^m\boldsymbol{A}\boldsymbol{X}=\boldsymbol{A}(\boldsymbol{A}-\mu\boldsymbol{E})^m\boldsymbol{X}=\boldsymbol{0}$$

根向量的概念是特征向量概念的推广,也就是每一个属于特征值 λ 的特征向量 $\boldsymbol{X}$ 也是同一个 λ 的根向量,因为 $(\boldsymbol{A}-\lambda\boldsymbol{E})\boldsymbol{X}=\boldsymbol{0}$.

使 $(\boldsymbol{A}-\mu\boldsymbol{E})^m\boldsymbol{X}=\boldsymbol{0}$ 的 m 中的最小值称为非零根向量的高,即根向量的高是这样一个数 k,它使 $(\boldsymbol{A}-\mu\boldsymbol{E})^k\boldsymbol{X}=\boldsymbol{0}$,而 $(\boldsymbol{A}-\mu\boldsymbol{E})^{k-1}\boldsymbol{X}\neq\boldsymbol{0}$. 根据定义,零向量的高等于零. 特征向量是高为 1 的根向量.

多项式 $(t-\mu)^k$ 是一个高为 k 的根向量的最小零化多项式. 事实上,$(\boldsymbol{A}-\mu\boldsymbol{E})^k\boldsymbol{X}=\boldsymbol{0}$,因此,向量 $\boldsymbol{X}$ 的最小零化多项式是 $(t-\mu)^k$ 的因式,然而 $(t-\mu)^k$ 的因式只能是多项式 $(t-\mu)^j$,$j\leqslant k$. 可是多项式 $(t-\mu)^j$,当 $j<k$ 时,不能零化向量 $\boldsymbol{X}$,因为

$$(\boldsymbol{A}-\mu\boldsymbol{E})^j\boldsymbol{X}\neq\boldsymbol{0}$$

定理 对于数 μ,存在非零根向量的充分和必要条件是 μ 为算子 $\boldsymbol{A}$ 的特征值,这时根向量的高不超过最小多项式根 μ 的重数 m,且存在着高为 m 的根向量.

证明 如果 μ 是特征值,则对于它存在着非零根

向量,例如特征向量. 反之,如果对于 μ 存在着高为 k 的非零根向量 $\boldsymbol{X}$,则 $\boldsymbol{Z}=(\boldsymbol{A}-\mu\boldsymbol{E})^{k-1}\boldsymbol{X}\neq\boldsymbol{0}$ 和 $(\boldsymbol{A}-\mu\boldsymbol{E})\boldsymbol{Z}=(\boldsymbol{A}-\mu\boldsymbol{E})^{k}\boldsymbol{X}=\boldsymbol{0}$,所以 $\boldsymbol{Z}$ 是对应于 μ 的特征向量,因而 μ 就是特征值. 向量 $\boldsymbol{X}$ 的最小零化多项式 $(t-\mu)^k$ 是算子 $\boldsymbol{A}$ 的最小多项式的因式,因此向量 $\boldsymbol{X}$ 的高 k 不超过最小多项式根 μ 的重数 m.

还需要证明定理的最后一个论断. 设 $\psi(t)=(t-\mu)^m f(t)$ 是算子 $\boldsymbol{A}$ 的最小多项式,我们这样来选取向量 $\boldsymbol{U}$,使得它不能被算子 $(\boldsymbol{A}-\mu\boldsymbol{E})^{m-1}f(\boldsymbol{A})$ 零化. 这样的向量 $\boldsymbol{U}$ 可以找到,不然 $\psi(t)$ 就不是算子 $\boldsymbol{A}$ 的最小多项式.

设 $\boldsymbol{X}=f(\boldsymbol{A})\boldsymbol{U}$, 则 $(\boldsymbol{A}-\mu\boldsymbol{E})^{m-1}\boldsymbol{X}=(\boldsymbol{A}-\mu\boldsymbol{E})^{m-1}f(\boldsymbol{A})\boldsymbol{U}\neq\boldsymbol{0}$, 可是 $(\boldsymbol{A}-\mu\boldsymbol{E})^{m}\boldsymbol{X}=(\boldsymbol{A}-\mu\boldsymbol{E})^{m}f(\boldsymbol{A})\boldsymbol{U}=\psi(\boldsymbol{A})\boldsymbol{U}=\boldsymbol{0}$,因此对于数 μ,$\boldsymbol{X}$ 是高为 m 的根向量.

4.5　根子空间上导出算子的性质

设 $\boldsymbol{A}$ 为空间 R 中的算子,作为最小多项式的 m 重根的 λ 是它的特征值,P 是对应于这个特征值的根子空间,设 $\boldsymbol{A}_p$ 是 $\boldsymbol{A}$ 在 P 上的导出算子.

定理　算子 $\boldsymbol{A}_p$ 的最小多项式等于 $(t-\lambda)^m$,算子 $\boldsymbol{A}_p$ 的特征多项式等于 $(t-\lambda)^p$,此处 p 为子空间 P 的维数.

证明　算子 $(\boldsymbol{A}-\lambda\boldsymbol{E})^m$ 零化子空间 P 中所有向量,而算子 $(\boldsymbol{A}-\lambda\boldsymbol{E})^{m-1}$ 不能零化 P 中的所有向量,因此 $(\boldsymbol{A}_P-\lambda\boldsymbol{E})^m=\boldsymbol{0}$,而 $(\boldsymbol{A}_P-\lambda\boldsymbol{E})^{m-1}\neq 0$,由此得出 $(t-\lambda)^m$ 是算子 $\boldsymbol{A}_P$ 的最小多项式. 其次,算子的任意一个特征值都是最小多项式的根. 这样,算子 $\boldsymbol{A}_P$ 有着

唯一的特征值 λ，因而算子 $\boldsymbol{A}_P$ 的特征多项式等于 $(t-\lambda)^p$. 指数 p 等于子空间 P 的维数，因为任一算子的特征多项式的次数等于定义它的空间的维数. 下面我们确定 p 是特征值的重数，这个特征值是算子 $\boldsymbol{A}$ 的特征多项式的根.

4.6 根向量的线性无关性

定理 对应于算子 $\boldsymbol{A}$ 的两两相异的特征值的非零根向量是线性无关的.

证明 设 $\boldsymbol{X}_1,\cdots,\boldsymbol{X}_s$ 是算子 $\boldsymbol{A}$ 的对应于特征值 $\lambda_1,\cdots,\lambda_s$ 的非零根向量，而且当 $i\neq j$ 时，$\lambda_i\neq\lambda_j$，并设 $k_1,\cdots,k_s$ 为向量 $\boldsymbol{X}_1,\cdots,\boldsymbol{X}_s$ 的高. 用 $f_i(t)$ 表示多项式

$$(t-\lambda_1)^{k_1}\cdots(t-\lambda_i)^{k_i}\cdots(t-\lambda_s)^{k_s}$$

现在证明在关系式 $c_1\boldsymbol{X}_1+\cdots+c_i\boldsymbol{X}_i+\cdots+c_s\boldsymbol{X}_s=\boldsymbol{0}$ 中，所有的系数只能等于零. 对等式两边作用算子 $f_i(\boldsymbol{A})$，得到

$$c_1f_i(\boldsymbol{A})\boldsymbol{X}_i+\cdots+c_if_i(\boldsymbol{A})\boldsymbol{X}_i+\cdots+c_sf_i(\boldsymbol{A})\boldsymbol{X}_s=\boldsymbol{0} \tag{1}$$

很清楚，当 $i\neq j$ 时，$f_i(\boldsymbol{A})\boldsymbol{X}_j=\boldsymbol{0}$，因为多项式 $f_i(t)$ 能被每个向量 $\boldsymbol{X}_j$ 的零化多项式 $(t-\lambda_j)^{k_j}(j\neq i)$ 整除.

其次，$f_i(\boldsymbol{A})\boldsymbol{X}_i\neq\boldsymbol{0}$，因为多项式 $f_i(t)$ 不能被多项式 $(t-\lambda_i)^{k_i}$ 整除，多项式 $(t-\lambda_i)^{k_i}$ 是向量 $\boldsymbol{X}_i$ 的最小零化多项式.

这样，等式 (1) 变为 $c_if_i(\boldsymbol{A})\boldsymbol{X}_i=\boldsymbol{0}$，而且 $f_i(\boldsymbol{A})\boldsymbol{X}_i\neq\boldsymbol{0}$. 因而对于所有 $i=1,2,\cdots,s$，$c_i=0$. 这样就证明了向量 $\boldsymbol{X}_1,\cdots,\boldsymbol{X}_s$ 的线性无关性.

4.7　把空间展成根子空间的直接和

定理　空间 R 是算子 $\boldsymbol{A}$ 的所有根子空间的直接和.

证明　所有根子空间的向量和R'是直接和,这是由于上面已经证明了,对应于两两相异特征值的根向量,亦即属于两两相异的根子空间的根向量,是线性无关的.

现在只需证明 R' 和全空间 R 重合,即 R 中的任一向量 $\boldsymbol{X}$ 可以展成根向量 $\boldsymbol{X}_i(i=1,\cdots,s)$ 的和. 为此,设多项式 $\theta(t)$ 是向量 $\boldsymbol{X}$ 的最小零化多项式,把它展成线性因子

$$\theta(t)=(t-\lambda_1)^{k_1}\cdots(t-\lambda_s)^{k_s}\quad(\lambda_i\neq\lambda_j)$$

因子$(t-\lambda_1)^{k_1},\cdots,(t-\lambda_s)^{k_s}$ 两两互质. 因而根据4.2节定理,我们得到展开式

$$\boldsymbol{X}=\boldsymbol{X}_1+\cdots+\boldsymbol{X}_s$$

此处向量 $\boldsymbol{X}_1,\cdots,\boldsymbol{X}_s$ 分别被多项式$(t-\lambda_1)^{k_1},\cdots,(t-\lambda_s)^{k_s}$ 零化. 所以 $\boldsymbol{X}_1,\cdots,\boldsymbol{X}_s$ 是根向量,定理得证.

我们指出,如果向量 $\boldsymbol{X}$ 属于某一不变子空间,则向量 $\boldsymbol{X}_1,\cdots,\boldsymbol{X}_s$ 也属于这个子空间. 这从以前的定理可以推出.

我们把向量 $\boldsymbol{X}$ 在根子空间中的分量 $\boldsymbol{X}_i$ 叫作在这些子空间上的投影.

从所证明的定理可引出这样的推论:对应于特征值λ_i的根子空间的维数等于λ_i的重数,λ_i是算子$\boldsymbol{A}$的特征多项式的根. 事实上,算子 $\boldsymbol{A}$ 的特征多项式 $\varphi(t)$,根据4.3节定理,是 $\boldsymbol{A}$ 在根子空间 $P_1,\cdots,P_s$ 上的导出算子的特征多项式的乘积. 这些特征多项式依次是

$(\lambda_i - t)^{p_i}(i=1,\cdots,s)$,此处 p_i 是相应的根子空间的维数. 因此 $\varphi(t)=(\lambda_1 - t)^{p_1}\cdots(\lambda_s - t)^{p_s}$. 由此可知维数 $p_1,\cdots,p_s$ 是算子 $\boldsymbol{A}$ 的特征多项式的特征值的重数.

4.8 根子空间的标准基底

我们较详细地研究算子 $\boldsymbol{A}$ 的特定的根子空间的结构. 为了简化书写,我们在这里省去足码,而用 P 表示根子空间,用 λ 表示相应的特征值.

根子空间 P 自然可以分成"层". 所谓高为 j 的层,就是指所有高为 j 的根向量总体. 层不是子空间,因为,其中不包含零向量. 然而,高不超过给定数 j 的向量总体,就可以构成子空间. 事实上,如果向量 $\boldsymbol{X}_1$ 和 $\boldsymbol{X}_2$ 的高不超过 j,则 $(\boldsymbol{A}-\lambda\boldsymbol{E})^j\boldsymbol{X}_1=(\boldsymbol{A}-\lambda\boldsymbol{E})^j\boldsymbol{X}_2=\boldsymbol{0}$,因而 $(\boldsymbol{A}-\lambda\boldsymbol{E})^j(c_1\boldsymbol{X}_1+c_2\boldsymbol{X}_2)=\boldsymbol{0}$,即向量 $c_1\boldsymbol{X}_1+c_2\boldsymbol{X}_2$ 的高度不超过 j. 我们用 $P^{(j)}$ 表示这个子空间. 显然 $P^{(j)}$ 是不变子空间. 其次,$P^{(1)}\subset P^{(2)}\subset\cdots\subset P^{(m)}=P$.

除了研究所谓"水平方向的"不变子空间 $P^{(j)}$ 以外,我们考虑一个完全不同类型的所谓"垂直方向"的不变子空间. 如果 $\boldsymbol{X}_0$ 是高为 $j\geqslant 1$ 的根向量,则向量 $\boldsymbol{X}_1=(\boldsymbol{A}-\lambda\boldsymbol{E})\boldsymbol{X}_0$ 的高为 $j-1$. 我们说向量 $\boldsymbol{X}_1$ 位于向量 $\boldsymbol{X}_0$ 的下面. 合乎如下关系的向量 $\boldsymbol{X}_0,\boldsymbol{X}_1,\cdots,\boldsymbol{X}_{j-1}$ 的集合称为"塔"

$$\begin{gathered}\boldsymbol{X}_1=(\boldsymbol{A}-\lambda\boldsymbol{E})\boldsymbol{X}_0\\ \boldsymbol{X}_2=(\boldsymbol{A}-\lambda\boldsymbol{E})\boldsymbol{X}_1\\ \vdots\\ \boldsymbol{X}_{j-1}=(\boldsymbol{A}-\lambda\boldsymbol{E})\boldsymbol{X}_{j-2}\end{gathered}$$

显然 $(\boldsymbol{A}-\lambda\boldsymbol{E})\boldsymbol{X}_{j-1}=\boldsymbol{0}$. 塔的高(它的元素数目)等于它顶上的初始向量 $\boldsymbol{X}_0$ 的高. 我们证明,组成塔的向量

是线性无关的. 事实上,设

$$c_0\boldsymbol{X}_0 + c_1\boldsymbol{X}_1 + \cdots + c_{j-1}\boldsymbol{X}_{j-1} = \boldsymbol{0}$$

对这个等式依次作用算子$(\boldsymbol{A}-\lambda\boldsymbol{E}),(\boldsymbol{A}-\lambda\boldsymbol{E})^2,\cdots,(\boldsymbol{A}-\lambda\boldsymbol{E})^{j-1}$,我们得到

$$\begin{aligned} c_0\boldsymbol{X}_1 + c_1\boldsymbol{X}_2 + \cdots + c_{j-2}\boldsymbol{X}_{j-1} &= \boldsymbol{0} \\ c_0\boldsymbol{X}_2 + \cdots + c_{j-3}\boldsymbol{X}_{j-1} &= \boldsymbol{0} \\ &\vdots \\ c_0\boldsymbol{X}_{j-1} &= \boldsymbol{0} \end{aligned}$$

由此得出结论,$c_0=0,c_1=0,\cdots,c_{j-1}=0$.

由塔向量张成的子空间的维数等于j. 这个空间对于算子$\boldsymbol{A}-\lambda\boldsymbol{E}$,既是不变空间,又是循环空间,因而对于算子$\boldsymbol{A}$也是如此.

我们来确定子空间$\boldsymbol{P}$存在这样的基底,它是由联合若干个不含共同元素的塔所得到的. 这种基底称为根子空间的标准基底. 显然,标准基底的每一个选择,就决定了子空间$\boldsymbol{P}$化成不变循环子空间的直接和的展开式. 这里的不变循环子空间就是由包含在各个塔中的线性无关的向量张成的子空间.

在证明标准基底存在以前,先证明下面一个引理.

引理　如果向量$\boldsymbol{Z}_1,\cdots,\boldsymbol{Z}_s$属于$P^{(j+1)}$,并且相对于$P^{(j)}$线性无关,则向量$(\boldsymbol{A}-\lambda\boldsymbol{E})\boldsymbol{Z}_1,\cdots,(\boldsymbol{A}-\lambda\boldsymbol{E})\boldsymbol{Z}_s$属于$P^{(j)}$,并且相对于$P^{(j-1)}$线性无关.

证明　引理的第一论断是显然的.

现设

$$c_1(\boldsymbol{A}-\lambda\boldsymbol{E})\boldsymbol{Z}_1 + \cdots + c_s(\boldsymbol{A}-\lambda\boldsymbol{E})\boldsymbol{Z}_s = \boldsymbol{V} \in P^{(j-1)}$$

这就意味着

$$(\boldsymbol{A}-\lambda\boldsymbol{E})^{j-1}\boldsymbol{V} = (\boldsymbol{A}-\lambda\boldsymbol{E})^{j}(c_1\boldsymbol{Z}_1 + \cdots + c_s\boldsymbol{Z}_s) = \boldsymbol{0}$$

因此 $c_1\boldsymbol{Z}_1 + \cdots + c_s\boldsymbol{Z}_s \in P^{(j)}$, 这仅在

$c_1 = \cdots = c_s = 0$ 时才有可能. 这是由于向量 $\boldsymbol{Z}_1,\cdots,\boldsymbol{Z}_s$ 相对于 $P^{(j)}$ 是线性无关的. 因而引理得证.

现在来证明标准基底的存在.

设 $P^{(1)} \subset P^{(2)} \subset \cdots \subset P^{(m)} = P$,此处同以前一样,$P^{(j)}$ 是高不超过 j 的向量的总体. 选择子空间 $P^{(m)}$ 相对于 $P^{(m-1)}$ 的任意一个基底 $\boldsymbol{X}_{11},\cdots,\boldsymbol{X}_{1k_1}$. 数 k_1 等于 $P^{(m)}$ 与 $P^{(m-1)}$ 的维数之差. 这时, 根据引理, 向量 $(\boldsymbol{A} - \lambda\boldsymbol{E})\boldsymbol{X}_{11},\cdots,(\boldsymbol{A} - \lambda\boldsymbol{E})\boldsymbol{X}_{1k_1}$ 属于 $P^{(m-1)}$, 并且相对于 $P^{(m-2)}$ 线性无关,因而它们可以加入到 $P^{(m-1)}$ 相对于 $P^{(m-2)}$ 的基底中去. 设 $(\boldsymbol{A} - \lambda\boldsymbol{E})\boldsymbol{X}_{11},\cdots,(\boldsymbol{A} - \lambda\boldsymbol{E})\boldsymbol{X}_{1k_1};\boldsymbol{X}_{21},\cdots,\boldsymbol{X}_{2k_2}$ 是 $P^{(m-1)}$ 相对于 $P^{(m-2)}$ 的基底, 根据引理, 向量 $(\boldsymbol{A} - \lambda\boldsymbol{E})^2\boldsymbol{X}_{11},\cdots,(\boldsymbol{A} - \lambda\boldsymbol{E})^2\boldsymbol{X}_{1k_1}$, $(\boldsymbol{A} - \lambda\boldsymbol{E})\boldsymbol{X}_{21},\cdots,(\boldsymbol{A} - \lambda\boldsymbol{E})\boldsymbol{X}_{2k_2}$ 属于 $P^{(m-2)}$,并且相对于 $P^{(m-3)}$ 线性无关. 用向量 $\boldsymbol{X}_{31},\cdots,\boldsymbol{X}_{3k_3}$ 把它们扩充成 $P^{(m-2)}$ 相对于 $P^{(m-3)}$ 的基底. 再对所得到的基底作用算子 $\boldsymbol{A} - \lambda\boldsymbol{E}$, 把得到的向量组扩充成 $P^{(m-3)}$ 相对于 $P^{(m-4)}$ 的基底. 依次类推,在第 m 步,我们得到子空间 $P^{(1)}$ 的基底

$$(\boldsymbol{A} - \lambda\boldsymbol{E})^{m-1}\boldsymbol{X}_{11},\cdots,(\boldsymbol{A} - \lambda\boldsymbol{E})^{m-1}\boldsymbol{X}_{1k_1}$$
$$(\boldsymbol{A} - \lambda\boldsymbol{E})^{m-2}\boldsymbol{X}_{21},\cdots,(\boldsymbol{A} - \lambda\boldsymbol{E})^{m-2}\boldsymbol{X}_{2k_2}$$
$$\vdots$$
$$\boldsymbol{X}_{m1},\cdots,\boldsymbol{X}_{mk_m}$$

把所构造的相对基底联合在一起,就是 P 的基底,而且这个基底显然是标准基底.

由作法可知,标准基底的选择不是唯一的. 然而不难证明,任意一个标准基底都可以用这里所讲的方法来构造,所以任何标准基底的结构(给定高的塔的数

目）都是一样的.

4.9　空间的标准基底和算子矩阵的 Jordan 标准型

由算子 $\boldsymbol{A}$ 的所有根子空间的标准基底联合而成的基底,叫作算子 $\boldsymbol{A}$ 所作用的空间 R 的标准基底. 标准基底自然可以分成塔,并且整个空间相应地分为不变循环子空间的直接和,这些不变循环子空间是由包含在各个塔中的向量所张成. 所以在标准基底上,算子的矩阵将是由各个塔所对应的"块" 构成的拟对角线形矩阵. 现在阐明这些"块" 的形式. 设 Q 是由高为 j 的塔构成的一个不变子空间,这个塔是由向量 $\boldsymbol{X}_0, \boldsymbol{X}_1 = (\boldsymbol{A} - \lambda_i \boldsymbol{E})\boldsymbol{X}_0, \boldsymbol{X}_2 = (\boldsymbol{A} - \lambda_i \boldsymbol{E})\boldsymbol{X}_1, \cdots, \boldsymbol{X}_{j-1} = (\boldsymbol{A} - \lambda_i \boldsymbol{E})\boldsymbol{X}_{j-2}$ 构成的. 显然

$$\begin{gathered}
\boldsymbol{A}\boldsymbol{X}_0 = \lambda_i \boldsymbol{X}_0 + \boldsymbol{X}_1 \\
\boldsymbol{A}\boldsymbol{X}_1 = \lambda_i \boldsymbol{X}_1 + \boldsymbol{X}_2 \\
\vdots \\
\boldsymbol{A}\boldsymbol{X}_{j-2} = \lambda_i \boldsymbol{X}_{j-2} + \boldsymbol{X}_{j-1} \\
\boldsymbol{A}\boldsymbol{X}_{j-1} = \lambda_i \boldsymbol{X}_{j-1}
\end{gathered}$$

于是,算子 $\boldsymbol{A}$ 在基底 $\boldsymbol{X}_0, \cdots, \boldsymbol{X}_{j-1}$ 所张成的子空间 Q 上所对应的矩阵为

$$\begin{bmatrix}
\lambda_i & 0 & \cdots & 0 & 0 \\
1 & \lambda_i & \cdots & 0 & 0 \\
\vdots & \vdots & \vdots & \vdots & \vdots \\
0 & 0 & \cdots & \lambda_i & 0 \\
0 & 0 & \cdots & 1 & \lambda_i
\end{bmatrix}$$

这样的矩阵叫作 Jordan 标准块.

在整个空间上,算子 $\boldsymbol{A}$ 对应着由 Jordan 标准块组成的拟对角线形矩阵,即形如

$$\begin{bmatrix} \lambda_1 & 0 & \cdots & 0 & 0 & & & & & & \\ 1 & \lambda_1 & \cdots & 0 & 0 & & & & & & \\ \vdots & \vdots & \vdots & \vdots & \vdots & & & & & & \\ 0 & 0 & \cdots & \lambda_1 & 0 & & & & & & \\ 0 & 0 & \cdots & 1 & \lambda_1 & & & & & & \\ & & & & & \ddots & & & & & \\ & & & & & & \lambda_s & 0 & \cdots & 0 & 0 \\ & & & & & & 1 & \lambda_s & \cdots & 0 & 0 \\ & & & & & & \vdots & \vdots & \vdots & \vdots & \vdots \\ & & & & & & 0 & 0 & \cdots & \lambda_s & 0 \\ & & & & & & 0 & 0 & \cdots & 1 & \lambda_s \end{bmatrix}$$

Jordan 块的个数等于塔的个数,因而也等于这些塔的第一层的数目,即算子 $\boldsymbol{A}$ 的线性无关的特征向量数. 至于包括同一个特征值 λ_i 的 Jordan 块的个数,等于由对应于 λ_i 的根子空间的基底所分成的塔的数目,即等于对应于特征值 λ_i 的线性无关的特征向量数. 包含 λ_i 的 Jordan 块的最高阶等于作为最小多项式的根的特征值 λ_i 的重数. 所有包含 λ_i 的 Jordan 标准块的阶之和等于作为特征多项式的根的 λ_i 的重数.

设在某一基底 $\boldsymbol{U}_1,\cdots,\boldsymbol{U}_n$ 中,用对应于算子 $\boldsymbol{A}$ 的矩阵 $\boldsymbol{A}$ 来给出算子 $\boldsymbol{A}$. 设 $\boldsymbol{V}_1,\cdots,\boldsymbol{V}_n$ 是算子 $\boldsymbol{A}$ 的标准基底,在这基底中算子 $\boldsymbol{A}$ 对应着 Jordan 标准矩阵 $\boldsymbol{J}$. 如果用 $\boldsymbol{C}$ 表示由基底 $\boldsymbol{U}_1,\cdots,\boldsymbol{U}_n$ 转换为基底 $\boldsymbol{V}_1,\cdots,\boldsymbol{V}_n$ 的坐标变换矩阵,则 $\boldsymbol{J}=\boldsymbol{C}^{-1}\boldsymbol{A}\boldsymbol{C}$,即 $\boldsymbol{J}$ 由 $\boldsymbol{A}$ 通过相似变换得来. 这个变换把矩阵 $\boldsymbol{A}$ 化成 Jordan 标准型. 因此,知道了标准基底,就能得到标准矩阵 $\boldsymbol{J}$ 和转移矩阵 $\boldsymbol{C}$. 反过

来也不难证明,当标准矩阵等于 $\boldsymbol{C}^{-1}\boldsymbol{A}\boldsymbol{C}$ 时,则由原来的基底通过矩阵 $\boldsymbol{C}$ 进行坐标变换,所得的 $\boldsymbol{V}_1,\cdots,\boldsymbol{V}_n$ 将是算子 $\boldsymbol{A}$ 的标准基底.

由矩阵给定的算子,它的标准基底的计算是相当复杂的. 但是常常只需求出给定矩阵的标准型,而不必计算转移矩阵 $\boldsymbol{C}$,也就是不必计算对应算子的标准基底. 这就出现了各种可能的方法,其中之一是与详细研究矩阵 $\boldsymbol{A}-t\boldsymbol{E}$ 有关.

用 $D_i(t)$ 表示行列式 $|\boldsymbol{A}-t\boldsymbol{E}|$ 的所有 i 阶子式的最高公因子,其中 $D_n(t)$ 与特征多项式重合. 可以证明,所有 $D_i(t)$ 以及 $D_n(t)$ 对于相似矩阵族是共同的. 其次可以证明,$D_i(t)$ 能被 $D_{i-1}(t)$ 整除. 记

$$\frac{D_i(t)}{D_{i-1}(t)}=E_i(t)$$

显然,$D_n(t)=\prod_{i=1}^{n}E_i(t)$.

其次,$E_n(t)=\dfrac{D_n(t)}{D_{n-1}(t)}$ 是矩阵的最小多项式.

把 $E_i(t)$ 展成线性因子

$$E_i(t)=\prod_{j=1}^{s}(\lambda_j-t)^{m_{ij}}$$

这里 s 表示各不相同的特征值数目

$$\sum_{i=1}^{n}m_{ij}=n_j,\quad \sum_{j=1}^{s}\sum_{i=1}^{n}m_{ij}=n$$

显然,在指数 m_{ij} 中不等于零的为数不多.

二项式 $(\lambda_i-t)^{m_{ij}}$ 叫作矩阵 $\boldsymbol{A}$ 的初等因子. 知道了初等因子就可以构造标准型. Jordan 块正是根据数 λ_j 作成,而这些 Jordan 块的阶等于指数 m_{ij}. 包含 λ_i 的块数等于不为零的指数 m_{ij} 的个数.

当初等因子是线性时，即所有的不为零的 m_{ij} 的值都等于 1 时，Jordan 块蜕化为对角线元素，标准型就变成对角线形，而且同一特征值在对角线上出现的次数与特征值在特征多项式中的重数一致.

反过来也正确，即，如果矩阵可化为对角线形，则它的初等因子是线性的. 因此具有各不相同特征值的矩阵有线性初等因子.

如果所有初等因子 $(\lambda_j - t)^{m_{ij}}$ 互质（这当且仅当 $D_{n-1}(t) = 1$ 时成立），则每个特征值仅能出现在一个标准块中，而且，块的阶等于相应特征值的重数. 当且仅当在这种情况下，最小多项式与特征多项式重合.

方阵在相似下的标准形

第5章

定义 两个n阶实方阵$\boldsymbol{A}$和$\boldsymbol{B}$称为实相似的，如果存在一个n阶非异实方阵$\boldsymbol{P}$，使得

$$\boldsymbol{B}=\boldsymbol{P}\boldsymbol{A}\boldsymbol{P}^{-1} \tag{1}$$

两个n阶复方阵$\boldsymbol{A}$和$\boldsymbol{B}$称为相似的，如果存在一个n阶非异复方阵$\boldsymbol{P}$，使得

$$\boldsymbol{B}=\boldsymbol{P}\boldsymbol{A}\boldsymbol{P}^{-1} \tag{2}$$

由定义可知，实相似一定相似. 显然，实相似和相似都是等价关系. 本章的目的是寻求它们的标准形，并给出这种标准形一种几何解释. 下面先解决"复"的情形，再利用"复"的情形来解决"实"的情形.

定理1 n阶复方阵$\boldsymbol{A}$和$\boldsymbol{B}$相似的必要且充分条件是n阶λ方阵$\lambda\boldsymbol{I}-\boldsymbol{A}$和$\lambda\boldsymbol{I}-\boldsymbol{B}$相抵.

证明 先证必要性. 假设存在 n 阶非异复方阵 $\boldsymbol{P}$, 使得 $\boldsymbol{PAP}^{-1}=\boldsymbol{B}$,那么

$$\boldsymbol{P}(\lambda\boldsymbol{I}-\boldsymbol{A})\boldsymbol{P}^{-1}=\lambda\boldsymbol{PP}^{-1}-\boldsymbol{PAP}^{-1}=\lambda\boldsymbol{I}-\boldsymbol{B}$$

显然常数非异复方阵是可逆 λ 方阵,所以 λ 方阵 $\lambda\boldsymbol{I}-\boldsymbol{A}$ 和 $\lambda\boldsymbol{I}-\boldsymbol{B}$ 相抵. 再证充分性. 设 λ 方阵 $\lambda\boldsymbol{I}-\boldsymbol{A}$ 和 $\lambda\boldsymbol{I}-\boldsymbol{B}$ 相抵, 所以存在 n 阶可逆 λ 方阵 $\boldsymbol{P}(\lambda)$ 及 $\boldsymbol{Q}(\lambda)$,使得

$$\boldsymbol{P}(\lambda)(\lambda\boldsymbol{I}-\boldsymbol{A})=(\lambda\boldsymbol{I}-\boldsymbol{B})\boldsymbol{Q}(\lambda)$$

由于 λ 方阵是元素为 λ 的多项式的方阵,所以 λ 方阵实质上是以方阵为系数的 λ 的多项式,例如

$$\begin{pmatrix}\lambda^2+1 & 7\lambda & 2\lambda+3\\ 3 & i & \lambda^2+\lambda\\ 2\lambda & 0 & -i\lambda^2\end{pmatrix}$$
$$=\lambda^2\begin{pmatrix}1&0&0\\0&0&1\\0&0&i\end{pmatrix}+\lambda\begin{pmatrix}0&7&2\\0&0&1\\2&0&0\end{pmatrix}+\begin{pmatrix}1&0&3\\3&i&0\\0&0&0\end{pmatrix}$$

利用这一特点,和通常多项式的情形一样,不难证明存在 n 阶 λ 方阵 $\boldsymbol{P}_1(\lambda)$ 及 $\boldsymbol{Q}_1(\lambda)$,使得

$$\boldsymbol{P}(\lambda)=(\lambda\boldsymbol{I}-\boldsymbol{B})\boldsymbol{P}_1(\lambda)+\boldsymbol{P}$$
$$\boldsymbol{Q}(\lambda)=\boldsymbol{Q}_1(\lambda)(\lambda\boldsymbol{I}-A)+\boldsymbol{Q}$$

其中 $\boldsymbol{P}$ 和 $\boldsymbol{Q}$ 都是 n 阶常数复方阵. 因此

$$[(\lambda\boldsymbol{I}-\boldsymbol{B})\boldsymbol{P}_1(\lambda)+\boldsymbol{P}](\lambda\boldsymbol{I}-\boldsymbol{A})$$
$$=(\lambda\boldsymbol{I}-\boldsymbol{B})[\boldsymbol{Q}_1(\lambda)(\lambda\boldsymbol{I}-\boldsymbol{A})+\boldsymbol{Q}]$$

所以有

$$(\lambda\boldsymbol{I}-\boldsymbol{B})[\boldsymbol{P}_1(\lambda)-\boldsymbol{Q}_1(\lambda)](\lambda\boldsymbol{I}-\boldsymbol{A})$$
$$=(\lambda\boldsymbol{I}-\boldsymbol{B})\boldsymbol{Q}-\boldsymbol{P}(\lambda\boldsymbol{I}-\boldsymbol{A})$$

我们断言 $\boldsymbol{P}_1(\lambda)\equiv\boldsymbol{Q}_1(\lambda)$,设若不然,则

$$\boldsymbol{P}_1(\lambda)-\boldsymbol{Q}_1(\lambda)=\lambda^t\boldsymbol{R}_0+\lambda^{t-1}\boldsymbol{R}_1+\cdots+\boldsymbol{R}_t$$

其中$\boldsymbol{R}_0,\boldsymbol{R}_1,\cdots,\boldsymbol{R}_t$为$n$阶复方阵,且$\boldsymbol{R}_0$不是零方阵,因此

$$\begin{aligned}&(\lambda\boldsymbol{I}-\boldsymbol{B})\boldsymbol{Q}-\boldsymbol{P}(\lambda\boldsymbol{I}-\boldsymbol{A})\\&=(\lambda\boldsymbol{I}-\boldsymbol{B})(\lambda^t\boldsymbol{R}_0+\lambda^{t-1}\boldsymbol{R}_1+\cdots+\boldsymbol{R}_t)(\lambda\boldsymbol{I}-\boldsymbol{A})\end{aligned}$$

所以

$$\lambda(\boldsymbol{Q}-\boldsymbol{P})+\boldsymbol{PA}-\boldsymbol{BQ}=\lambda^{t+2}\boldsymbol{R}_0+\{\text{次数不超过}\ t+1\ \text{的项}\}$$

今右式关于λ的次数至少为2,然而左式关于λ的次数至多为1,这就导出矛盾,所以证明了$\boldsymbol{P}_1(\lambda)\equiv\boldsymbol{Q}_1(\lambda)$,且$(\lambda\boldsymbol{I}-\boldsymbol{B})\boldsymbol{Q}-\boldsymbol{P}(\lambda\boldsymbol{I}-\boldsymbol{A})\equiv\boldsymbol{0}$,所以$\boldsymbol{Q}=\boldsymbol{P}$,且$\boldsymbol{BQ}=\boldsymbol{PA}$,即$\boldsymbol{PA}=\boldsymbol{BP}$. 这样一来,要证明复方阵$\boldsymbol{A}$和$\boldsymbol{B}$相似,只要证明$\det\boldsymbol{P}\neq 0$就行了.

注意到$\boldsymbol{P}(\lambda)=(\lambda\boldsymbol{I}-\boldsymbol{B})\boldsymbol{P}_1(\lambda)+\boldsymbol{P}$是可逆$\lambda$方阵,所以存在$\lambda$方阵$\boldsymbol{R}(\lambda)$使得$\boldsymbol{P}(\lambda)\boldsymbol{R}(\lambda)=\boldsymbol{I}$. 同样,不难证明$\boldsymbol{R}(\lambda)$有分解式

$$\boldsymbol{R}(\lambda)=(\lambda\boldsymbol{I}-\boldsymbol{A})\boldsymbol{R}_1(\lambda)+\boldsymbol{R}$$

其中$\boldsymbol{R}$是常数复方阵. 今

$$\begin{aligned}\boldsymbol{I}&=\boldsymbol{P}(\lambda)\boldsymbol{R}(\lambda)\\&=[(\lambda\boldsymbol{I}-\boldsymbol{B})\boldsymbol{P}_1(\lambda)+\boldsymbol{P}][(\lambda\boldsymbol{I}-\boldsymbol{A})\boldsymbol{R}_1(\lambda)+\boldsymbol{R}]\\&=(\lambda\boldsymbol{I}-\boldsymbol{B})[\boldsymbol{P}_1(\lambda)(\lambda\boldsymbol{I}-\boldsymbol{A})\boldsymbol{R}_1(\lambda)+\boldsymbol{P}_1(\lambda)\boldsymbol{R}]+\\&\quad\boldsymbol{P}(\lambda\boldsymbol{I}-\boldsymbol{A})\boldsymbol{R}_1(\lambda)+\boldsymbol{PR}\end{aligned}$$

由于$\boldsymbol{PA}=\boldsymbol{BP}$,所以$\boldsymbol{P}(\lambda\boldsymbol{I}-\boldsymbol{A})=\lambda\boldsymbol{P}-\boldsymbol{PA}=\lambda\boldsymbol{P}-\boldsymbol{BP}=(\lambda\boldsymbol{I}-\boldsymbol{B})\boldsymbol{P}$,因此

$$\begin{aligned}\boldsymbol{I}=(\lambda\boldsymbol{I}-\boldsymbol{B})[&\boldsymbol{P}_1(\lambda)(\lambda\boldsymbol{I}-\boldsymbol{A})\boldsymbol{R}_1(\lambda)+\\&\boldsymbol{P}_1(\lambda)\boldsymbol{R}+\boldsymbol{PR}_1(\lambda)]+\boldsymbol{PR}\end{aligned}$$

假设λ方阵$\boldsymbol{T}(\lambda)=\boldsymbol{P}_1(\lambda)(\lambda\boldsymbol{I}-\boldsymbol{A})\boldsymbol{R}_1(\lambda)+\boldsymbol{P}_1(\lambda)\boldsymbol{R}+\boldsymbol{PR}_1(\lambda)\neq\boldsymbol{0}$,则

$$\boldsymbol{T}(\lambda)=\lambda^s\boldsymbol{T}_0+\lambda^{s-1}\boldsymbol{T}_1+\cdots+\boldsymbol{T}_s$$

其中$\boldsymbol{T}_0,\boldsymbol{T}_1,\cdots,\boldsymbol{T}_s$都是常数复方阵,且$\boldsymbol{T}_0$不是零方阵,

于是

$$\begin{aligned} \boldsymbol{I} &= (\lambda \boldsymbol{I} - \boldsymbol{B})(\lambda^{s}\boldsymbol{T}_0 + \lambda^{s-1}\boldsymbol{T}_1 + \cdots + \boldsymbol{T}_s) + \boldsymbol{PR} \\ &= \lambda^{s+1}\boldsymbol{T}_0 + \{\text{次数不超过 } s \text{ 的项}\} \end{aligned}$$

这又导出矛盾,所以证明了 $\boldsymbol{T}(\lambda) = \boldsymbol{0}$. 亦即 $\boldsymbol{I} = \boldsymbol{PR}$,所以 $\det \boldsymbol{P} \neq 0$,定理证完.

定理 2 n 阶复方阵 $\boldsymbol{A}$ 在相似下的全系不变量是非异 λ 方阵 $\lambda\boldsymbol{I} - \boldsymbol{A}$ 的全部初等因子.

为方便起见,今后称 λ 方阵 $\lambda\boldsymbol{I} - \boldsymbol{A}$ 的初等因子为复方阵 $\boldsymbol{A}$ 的初等因子.

在前面,凡讨论标准形理论,总是先求标准形,再定全系不变量. 在讨论相似下的标准形理论时,恰好倒了过来. 在定理 2 中,我们求出了相似下的全系不变量,然而并没有求出标准形. 不过,已经知道了全系不变量以后,就不再需要利用相似关系去寻找标准形,而是构作一个简单的方阵,使得这个方阵的全部初等因子和已给的方阵 A 的全部初等因子一样,那么利用定理 2 便能断定这两个方阵一定相似;尽管我们不知道什么样的 n 阶非异复方阵 P 使它们相似,但是知道它一定存在.

现在来构作相似下的标准形,即所谓 Jordan 标准型. 给定方阵 A,假设 A 的全部初等因子为

$$(\lambda - \lambda_1)^{e_1}, (\lambda - \lambda_2)^{e_2}, \cdots, (\lambda - \lambda_t)^{e_t} \qquad (3)$$

其中 $\sum\limits_{j=1}^{t} e_j = n$. 找一个初等因子为 $(\lambda - \lambda_j)^{e_j}$ 的 e_j 阶方阵 $\boldsymbol{J}_j (j = 1, 2, \cdots, t)$,那么

$$\boldsymbol{J} = \operatorname{diag}(\boldsymbol{J}_1, \boldsymbol{J}_2, \cdots, \boldsymbol{J}_t) \qquad (4)$$

的全部初等因子由 $\boldsymbol{J}_1, \boldsymbol{J}_2, \cdots, \boldsymbol{J}_t$ 的全部初等因子构成,所以就是 $(\lambda - \lambda_1)^{e_1}, (\lambda - \lambda_2)^{e_2}, \cdots, (\lambda - \lambda_t)^{e_t}$,即是

方阵 $\boldsymbol{A}$ 的全部初等因子,故方阵 $\boldsymbol{A}$ 和 $\boldsymbol{J}$ 相似.

今取

$$\boldsymbol{J}_j = \begin{pmatrix} \lambda_j & 1 & & & \\ & \lambda_j & 1 & & \\ & & \ddots & \ddots & \\ & & & \ddots & 1 \\ & & & & \lambda_j \end{pmatrix} \qquad (5)$$

它是 e_j 阶方阵,对角元素全是 λ_j,对角元素上面一排全是 1,其余位置元素全是零. 由直接计算可知,这时方阵 $\boldsymbol{J}_j$ 的初等因子只有一个 $(\lambda-\lambda_j)^{e_j}$. 事实上,$\lambda$ 方阵

$$\lambda \boldsymbol{I} - \boldsymbol{J}_j = \begin{pmatrix} \lambda-\lambda_j & -1 & & & \\ & \lambda-\lambda_j & -1 & & \\ & & \ddots & \ddots & \\ & & & \ddots & -1 \\ & & & & \lambda-\lambda_j \end{pmatrix}$$

的行列式因式为 $D_1=\cdots=D_{e_j-1}=1, D_{e_j}=(\lambda-\lambda_j)^{e_j}$,所以不变因式为 $d_1=\cdots=d_{e_j-1}=1, d_{e_j}=(\lambda-\lambda_j)^{e_j}$. 由于 e_j 阶方阵 $\boldsymbol{J}_j$ 的阶数和元素由初等因子 $(\lambda-\lambda_j)^{e_j}$ 的次数 e_j 及根 λ_j 完全决定,所以 $\boldsymbol{J}_j$ 称为属于初等因子 $(\lambda-\lambda_j)^{e_j}$ 的 Jordan 块,或简称为 Jordan 块.

定义　如果准对角方阵 $\boldsymbol{J}$ 的所有对角块 $\boldsymbol{J}_1, \boldsymbol{J}_2, \cdots, \boldsymbol{J}_t$ 都是 Jordan 块,则 $\boldsymbol{J}$ 称为 Jordan 标准型.

定理 3　设 n 阶复方阵 $\boldsymbol{A}$ 的所有初等因子为 $(\lambda-\lambda_1)^{e_1}, (\lambda-\lambda_2)^{e_2}, \cdots, (\lambda-\lambda_t)^{e_t}$,那么 $\boldsymbol{A}$ 相似于 Jordan 标准型

$$\mathrm{diag}(\boldsymbol{J}_1, \boldsymbol{J}_2, \cdots, \boldsymbol{J}_t)$$

其中 $\boldsymbol{J}_1, \boldsymbol{J}_2, \cdots, \boldsymbol{J}_t$ 分别是属于初等因子 $(\lambda-\lambda_1)^{e_1}$,

$(\lambda-\lambda_2)^{e_2},\cdots,(\lambda-\lambda_t)^{e_t}$ 的 Jordan 块. 所以,如果不计 Jordan 块的编排次序,那么标准形是由初等因子组唯一确定的.

例如,求方阵

$$\boldsymbol{A}=\begin{pmatrix}13 & 16 & 16\\ -5 & -7 & -6\\ -6 & -8 & -7\end{pmatrix}$$

在相似下的标准形. 先求 λ 方阵

$$\lambda\boldsymbol{I}-\boldsymbol{A}=\begin{pmatrix}\lambda-13 & -16 & -16\\ 5 & \lambda+7 & 6\\ 6 & 6 & \lambda+7\end{pmatrix}$$

的所有初等因子,利用初等变换可知它们是$(\lambda-2)$,$(\lambda-1)^2$,于是方阵 $\boldsymbol{A}$ 相似于 Jordan 标准型

$$\begin{pmatrix}2 & 0 & 0\\ 0 & 1 & 1\\ 0 & 0 & 1\end{pmatrix}$$

关于 Jordan 标准型,重要的是每块的阶数和每块的对角元素,因为 λ 方阵 $\lambda\boldsymbol{I}-\boldsymbol{A}$ 的所有初等因子的连乘积等于方阵 $\boldsymbol{A}$ 的特征多项式,所以每个初等因子的根都是方阵 $\boldsymbol{A}$ 的特征根,换句话说,Jordan 标准型的 n 个对角元素是方阵 $\boldsymbol{A}$ 的所有特征根. 然而同一特征根可以对应几个初等因子,即初等因子$(\lambda-\lambda_j)^{e_j}$ 的次数 e_j 不是特征根 λ_j 的重数. 例如单位方阵的全部初等因子有 n 个,都是 $\lambda-1$,然而 1 是单位方阵的 n 重特征根.

另外,虽然上面的理论告诉我们:存在 n 阶非异复方阵 $\boldsymbol{P}$,使得 $\boldsymbol{PAP}^{-1}=\boldsymbol{J}$,实际上方阵 $\boldsymbol{P}$ 也是能够按照定理 1 的充分性证明求出来的,方法叙述如下:

对 λ 方阵 $\lambda\boldsymbol{I}-\boldsymbol{A}$ 作一系列的初等变换,使它变为 λ 方阵 $\lambda\boldsymbol{I}-\boldsymbol{J}$. 在这个过程中不考虑列的初等变换,将行的初等变换依次用初等方阵写下来,于是求得一个可逆 λ 方阵 $\boldsymbol{P}(\lambda)$,再求常数复方阵 $\boldsymbol{P}$ 使得

$$\boldsymbol{P}(\lambda)=(\lambda\boldsymbol{I}-\boldsymbol{B})\boldsymbol{P}_1(\lambda)+\boldsymbol{P}$$

则 $\boldsymbol{P}$ 就是所求的(为什么? 读者试自行证之).

Jordan 标准型有很多用处,下面先给出一个应用.

即

定理4　任一 n 阶复方阵 $\boldsymbol{A}$ 能分解为两个复对称方阵之乘积,其中一个是非异的,且可以指定哪一个是非异的.

证明　今存在非异复方阵 $\boldsymbol{P}$,使得

$$\boldsymbol{J}=\boldsymbol{PAP}^{-1}=\mathrm{diag}(\boldsymbol{J}_1,\boldsymbol{J}_2,\cdots,\boldsymbol{J}_t)$$

其中 $\boldsymbol{J}_k$ 是属于初等因子 $(\lambda-\lambda_k)^{e_k}$ 的 Jordan 块,记 e_k 阶对称方阵

$$\boldsymbol{S}^{(e_k)}=\begin{pmatrix} & & & 1\\ & & \cdot^{\cdot^{\cdot}} & \\ & 1 & & \\ 1 & & & \end{pmatrix}$$

由直接计算可知

$$\boldsymbol{SJ}_k=\begin{pmatrix} & & & & \lambda_k\\ & & & \lambda_k & 1\\ & & \cdot^{\cdot^{\cdot}} & 1 & \\ & \lambda_k & \cdot^{\cdot^{\cdot}} & & \\ \lambda_k & 1 & & & \end{pmatrix}=\boldsymbol{J}'_k\boldsymbol{S}$$

作 n 阶非异对称方阵

$$\boldsymbol{S}_0=\mathrm{diag}(\boldsymbol{S}^{(e_1)},\boldsymbol{S}^{(e_2)},\cdots,\boldsymbol{S}^{(e_t)})$$

则

$$\begin{aligned}\boldsymbol{S}_0\boldsymbol{J} &= \mathrm{diag}(\boldsymbol{S}^{(e_1)}\boldsymbol{J}_1, \boldsymbol{S}^{(e_2)}\boldsymbol{J}_2, \cdots, \boldsymbol{S}^{(e_t)}\boldsymbol{J}_t) \\ &= \mathrm{diag}(\boldsymbol{J}'_1\boldsymbol{S}^{(e_1)}, \boldsymbol{J}'_2\boldsymbol{S}^{(e_2)}, \cdots, \boldsymbol{J}'_t\boldsymbol{S}^{(e_t)}) = \boldsymbol{J}'\boldsymbol{S}_0\end{aligned}$$

所以

$$\boldsymbol{S}_0\boldsymbol{P}\boldsymbol{A}\boldsymbol{P}^{-1} = (\boldsymbol{P}\boldsymbol{A}\boldsymbol{P}^{-1})'\boldsymbol{S}_0 = (\boldsymbol{P}')^{-1}\boldsymbol{A}'\boldsymbol{P}'\boldsymbol{S}_0$$

即

$$(\boldsymbol{P}'\boldsymbol{S}_0\boldsymbol{P})\boldsymbol{A} = \boldsymbol{A}'(\boldsymbol{P}'\boldsymbol{S}_0\boldsymbol{P})$$

记

$$\boldsymbol{S}_1 = (\boldsymbol{P}'\boldsymbol{S}_0\boldsymbol{P})\boldsymbol{A}$$

则 $\boldsymbol{S}'_1 = \boldsymbol{S}_1$. 再记

$$\boldsymbol{S}_2 = (\boldsymbol{P}'\boldsymbol{S}_0\boldsymbol{P})^{-1}$$

则 $\boldsymbol{S}'_2 = \boldsymbol{S}_2$,且 $\det \boldsymbol{S}_2 \neq 0$. 所以 $\boldsymbol{S}_2$ 是非异对称方阵,$\boldsymbol{S}_1$ 是对称方阵,又

$$\boldsymbol{A} = (\boldsymbol{P}'\boldsymbol{S}_0\boldsymbol{P})^{-1}\boldsymbol{S}_1 = \boldsymbol{S}_2\boldsymbol{S}_1$$

所以方阵 $\boldsymbol{A}$ 分解为两个对称方阵之乘积,且前一个因子非异.

今方阵 $\boldsymbol{A}'$ 也有分解 $\boldsymbol{A}' = \boldsymbol{S}_3\boldsymbol{S}_4$,其中 $\boldsymbol{S}_3$ 和 $\boldsymbol{S}_4$ 都是对称方阵,又 $\boldsymbol{S}_3$ 非异,双方取转置,便有

$$\boldsymbol{A} = \boldsymbol{S}_4\boldsymbol{S}_3$$

所以方阵 $\boldsymbol{A}$ 分解为两个对称方阵之乘积,且后一个因子非异. 定理证完.

现在给出复方阵在相似下的Jordan标准型的几何解释. 考虑n维复线性空间 $\mathscr{L}$,在 $\mathscr{L}$ 上给定一个线性变换 $\mathscr{A}$,在 $\mathscr{L}$ 中取定一组基 $\boldsymbol{\alpha}_1, \boldsymbol{\alpha}_2, \cdots, \boldsymbol{\alpha}_n$ 后,$\mathscr{A}$ 便唯一地对应了一个方阵 $\boldsymbol{A}$. 再任取一个和 $\boldsymbol{A}$ 相似的方阵 $\boldsymbol{B}$,则在 $\mathscr{L}$ 中存在另外一组基 $\beta_1, \beta_2, \cdots, \beta_n$,使得线性变换 $\mathscr{A}$ 在新的基下对应的方阵为 $\boldsymbol{B}$,所以在相似关系下的每个等价类都由一个线性变换在所有基下的方阵表示构成.

利用 Jordan 标准型，便证明了

定理5　在 n 维复线性空间 $\mathscr{L}$ 中给定一线性变换 $\mathscr{A}$，则在 $\mathscr{L}$ 中存在一组基 $\boldsymbol{\beta}_1,\boldsymbol{\beta}_2,\cdots,\boldsymbol{\beta}_n$，使得在这组基下线性变换 $\mathscr{A}$ 对应的方阵表示为 Jordan 标准型.

具体地说，如果方阵 $\boldsymbol{A}$ 的所有初等因子为 $(\lambda-\lambda_1)^{e_1},(\lambda-\lambda_2)^{e_2},\cdots,(\lambda-\lambda_t)^{e_t}$，那么由定理5可知

$$
\begin{gathered}
\mathscr{A}(\boldsymbol{\beta}_1)=\lambda_1\boldsymbol{\beta}_1+\boldsymbol{\beta}_2\\
\mathscr{A}(\boldsymbol{\beta}_2)=\lambda_1\boldsymbol{\beta}_2+\boldsymbol{\beta}_3\\
\vdots\\
\mathscr{A}(\boldsymbol{\beta}_{f_1-1})=\lambda_1\boldsymbol{\beta}_{f_1-1}+\boldsymbol{\beta}_{f_1}\\
\mathscr{A}(\boldsymbol{\beta}_{f_1})=\lambda_1\boldsymbol{\beta}_{f_1}+\boldsymbol{\beta}_{f_2}\\
\vdots\\
\mathscr{A}(\boldsymbol{\beta}_{f_{t-1}+1})=\lambda_t\boldsymbol{\beta}_{f_{t-1}+1}+\boldsymbol{\beta}_{f_{t-1}+2}\\
\mathscr{A}(\boldsymbol{\beta}_{f_{t-1}+2})=\lambda_t\boldsymbol{\beta}_{f_{t-1}+2}+\boldsymbol{\beta}_{f_{t-1}+3}\\
\vdots\\
\mathscr{A}(\boldsymbol{\beta}_{f_t-1})=\lambda_t\boldsymbol{\beta}_{f_t-1}+\boldsymbol{\beta}_{f_t}\\
\mathscr{A}(\boldsymbol{\beta}_{f_t})=\lambda_t\boldsymbol{\beta}_{f_t}
\end{gathered}
$$

其中 $f_1=e_1,f_2=e_1+e_2,\cdots,f_t=e_1+e_2+\cdots+e_t$，记 $f_0=0$.

记由向量 $\boldsymbol{\beta}_{f_{j-1}+1},\boldsymbol{\beta}_{f_{j-2}+2},\cdots,\boldsymbol{\beta}_{f_j}$ 线性生成的 e_j 维线性子空间为 $\mathscr{L}_j(j=1,2,\cdots,t)$，由于 $\boldsymbol{\beta}_1,\boldsymbol{\beta}_2,\cdots,\boldsymbol{\beta}_n$ 是 $\mathscr{L}$ 的一组基，所以有

定理6　t 个子空间 $\mathscr{L}_1,\mathscr{L}_2,\cdots,\mathscr{L}_t$ 有性质：

(i) $\mathscr{L}=\mathscr{L}_1\oplus\cdots\oplus\mathscr{L}_t$；

(ii) $\mathscr{A}(\mathscr{L}_i)\subseteq\mathscr{L}_j\quad(j=1,2,\cdots,t)$；

(iii) $(\mathscr{A}-\lambda_j\boldsymbol{I})^{e_j}\alpha=\boldsymbol{0}$，对一切 $\alpha\in\mathscr{L}_j\quad(j=1,2,\cdots,t)$；

(iv) 在子空间 $\mathscr{L}_j$ 中取向量 $\boldsymbol{\gamma}_j=\boldsymbol{\beta}_{f_{j-1}+1}$，则

$\boldsymbol{\gamma}_j,(\mathscr{A}-\lambda_j\boldsymbol{I})\boldsymbol{\gamma}_j,(\mathscr{A}-\lambda_j\boldsymbol{I})^2\boldsymbol{\gamma}_j,\cdots,(\mathscr{A}-\lambda_j\boldsymbol{I})^{e_j-1}\boldsymbol{\gamma}_j$ 构成 $\mathscr{L}_j$ 的一组基,而线性变换 $\mathscr{A}$ 关于这组基对应的方阵表示为 Jordan 标准型

$$\begin{pmatrix} \lambda_j & 1 & & & \\ & \lambda_j & 1 & & \\ & & \lambda_j & \ddots & \\ & & & \ddots & 1 \\ & & & & \lambda_j \end{pmatrix}$$

为了仔细分析这四点性质,引进下列几何概念:

定义 设 $\mathscr{A}$ 是复线性空间 $\mathscr{L}$ 上的线性变换,λ_0 是线性变换 $\mathscr{A}$ 的特征根,则向量集合

$$\mathscr{L}_{\lambda_0}=\{\boldsymbol{\alpha}\in\mathscr{L}\mid(\mathscr{A}-\lambda_0\boldsymbol{I})^n\boldsymbol{\alpha}=0\}$$

构成 $\mathscr{L}$ 的子空间,称为属于特征根 λ_0 的根子空间,或简称为根子空间.

由定义可知,$\mathscr{L}_{\lambda_0}$ 是 $\mathscr{A}$ 的不变子空间. 将 $\mathscr{A}$ 的相同特征根归并在一起,即设

$$\lambda_1=\cdots=\lambda_{s_1},\lambda_{s_1+1}=\cdots=\lambda_{s_2},\cdots,\lambda_{s_l+1}=\cdots=\lambda_t$$

那么

$$\mathscr{L}_1\oplus\cdots\oplus\mathscr{L}_{s_1},\mathscr{L}_{s_1+1}\oplus\cdots\oplus\mathscr{L}_{s_2},\cdots,\mathscr{L}_{s_l+1}\oplus\cdots\oplus\mathscr{L}_t$$

分别是属于特征根 $\lambda_{s_1},\lambda_{s_2},\cdots,\lambda_{s_l},\lambda_t$ 的根子空间(为什么? 读者试自证之),所以定理 6 的(i),(ii),(iii)可以用几何语言叙述为

定理 7(空间第二分解定理) 复线性空间 $\mathscr{L}$ 能按照线性变换 $\mathscr{A}$ 分解为根子空间的直接和.

定义 n 维复线性空间 $\mathscr{L}$ 中 m 维子空间 $\mathscr{L}_0$ 称为关于线性变换 $\mathscr{A}$ 的循环子空间,如果在 $\mathscr{L}_0$ 中存在非零向量 $\boldsymbol{\alpha}$,使得 $\boldsymbol{\alpha},\mathscr{A}(\boldsymbol{\alpha}),\cdots,\mathscr{A}^{m-1}(\boldsymbol{\alpha})$ 构成 $\mathscr{L}_0$ 的一

组基，且 $\mathscr{A}^m(\boldsymbol{\alpha})=\mathbf{0}$. 这组基称为线性变换 $\mathscr{A}$ 的循环基.

由定义可知，循环子空间也是 $\mathscr{A}$ 的不变子空间，于是，定理 6 的(iii) 和(iv) 可以用几何语言叙述为

定理 8(空间第一分解定理)　设 $\mathscr{L}_{\lambda_0}$ 是 n 维复线性空间 $\mathscr{L}$ 的线性变换 $\mathscr{A}$ 的属于特征根 $\boldsymbol{\lambda}_0$ 的根子空间，则 $\mathscr{L}_{\lambda_0}$ 能分解为 $\mathscr{A}$ 的不变子空间的直接和，每个不变子空间都是线性变换 $\mathscr{A}-\boldsymbol{\lambda}_0\boldsymbol{I}$ 的循环子空间.

因为线性变换 $\mathscr{A}$ 在不同基下对应的方阵互相相似，所以 $\mathscr{A}$ 在不同基下对应的方阵的全部初等因子完全相同. 为方便起见，也称这组初等因子为线性变换 $\mathscr{A}$ 的全部初等因子. 引进这样一个概念后，定理7 和定理 8 也可以改写为

定理 9　设 $\mathscr{A}$ 是 n 维复线性空间 $\mathscr{L}$ 的线性变换

$$(\lambda-\lambda_1)^{e_1},(\lambda-\lambda_2)^{e_2},\cdots,(\lambda-\lambda_t)^{e_t}$$

是 $\boldsymbol{A}$ 的全部初等因子，则 $\mathscr{L}$ 按照线性变换 $\mathscr{A}$ 可以分解为 t 个不变子空间 $\mathscr{L}_1,\mathscr{L}_2,\cdots,\mathscr{L}_t$ 的直接和，每个子空间 $\mathscr{L}_j$ 是线性变换 $\mathscr{A}-\boldsymbol{\lambda}_j\boldsymbol{I}$ 的 e_j 维循环子空间.

利用 Jordan 标准型，我们导出了定理 9. 反之，也可以不利用初等因子，而利用几何方法来给出 Jordan 标准型. 证明的思路是先证定理 7，再证定理 8，从而得到定理 6. 再在每个循环子空间中取定一组循环基，使得全体合并构成 $\mathscr{L}$ 的基，于是在这组基下，线性变换 $\mathscr{A}$ 对应的方阵就是 Jordan 标准型. 但是，用几何方法还不能给出相似关系下的全系不变量，求全系不变量

一定要依靠 λ 矩阵在相抵下的标准形理论①.

上面解决了复方阵在相似下的标准形理论,现在来考虑实方阵在实相似下的标准形. 这时,不能得出和"复"的情形一样的结果,其原因是实方阵的特征根不一定是实数,如果它有复根,那么 Jordan 块就是一个复方阵,然而我们要求的标准形应该是实方阵. 尽管如此,还是可以借助于"复"的结果来处理"实"的情形,这是基于下面的事实:

定理 10 n 阶实方阵 $\boldsymbol{A}$ 和 $\boldsymbol{B}$ 实相似的必要且充分条件是它们相似.

证明 必要性显然成立. 下面来证充分性. 假设对实方阵 $\boldsymbol{A}$ 和 $\boldsymbol{B}$,存在 n 阶非异复方阵 $\boldsymbol{P}_1$,使得 $\boldsymbol{P}_1\boldsymbol{A}\boldsymbol{P}_1^{-1}=\boldsymbol{B}$. 将 $\boldsymbol{P}_1$ 的实部及虚部分开,即记 $\boldsymbol{P}_1=\boldsymbol{P}+\mathrm{i}\boldsymbol{Q}$,其中 $\boldsymbol{P}$ 及 $\boldsymbol{Q}$ 都是 n 阶实方阵. 由 $\boldsymbol{P}_1\boldsymbol{A}=\boldsymbol{B}\boldsymbol{P}_1$,可知 $\boldsymbol{P}\boldsymbol{A}=\boldsymbol{B}\boldsymbol{P}$,$\boldsymbol{Q}\boldsymbol{A}=\boldsymbol{B}\boldsymbol{Q}$. 所以,对任意实数 λ,有 $(\boldsymbol{P}+\lambda\boldsymbol{Q})\boldsymbol{A}=\boldsymbol{B}(\boldsymbol{P}+\lambda\boldsymbol{Q})$,于是问题化为要证明存在实数 λ_0 使得 n 阶实方阵 $\boldsymbol{P}+\lambda_0\boldsymbol{Q}$ 非异.

视 λ 为未知数,则 $\det(\boldsymbol{P}+\lambda\boldsymbol{Q})$ 为 λ 的多项式. 在这个多项式中取 $\lambda=\mathrm{i}$,则由

$$\det(\boldsymbol{P}+\mathrm{i}\boldsymbol{Q})=\det\boldsymbol{P}_1\neq 0$$

所以这个多项式是 λ 的非零多项式. 假设它的次数为 p,则 p 次多项式 $\det(\boldsymbol{P}+\lambda\boldsymbol{Q})$ 至多有 p 个根,所以一定存在一个实数 λ_0,它不是多项式 $\det(\boldsymbol{P}+\lambda\boldsymbol{Q})$ 的根,即

① 关于用几何方法求 Jordan 标准形,请参看 Мальцев 著的《线代数基础》的第一版(有中译本,柯召译,1953 年,商务印书馆)、Гантмахер 著的《矩阵论》(有中译本,上卷,柯召译,1955 年,高教出版社)、关肇直著的《高等数学教程》二卷二分册 §13.3(1964 年,中国科学技术大学).

$\det(\boldsymbol{P}+\lambda_0\boldsymbol{Q})\neq 0$. 定理证完.

为了求实方阵在实相似下的标准形，先将 Jordan 块的形式改写一下；把 Jordan 块分成两大类，一类对应的特征根为零，一类对应的特征根不为零.

对应特征根为零的初等因子 λ^e 所属的 Jordan 块具有最简单的形式

$$\boldsymbol{N}=\boldsymbol{N}^{(e)}=\begin{pmatrix}0 & 1 & & & \\ & 0 & 1 & & \\ & & 0 & \ddots & \\ & & & \ddots & 1\\ & & & & 0\end{pmatrix} \tag{6}$$

它是 e 阶幂零方阵，事实上，$\boldsymbol{N}^{e-1}\neq\boldsymbol{0}$，$\boldsymbol{N}^e=\boldsymbol{0}$.

对应特征根 $\lambda_0\neq 0$ 的初等因子 $(\lambda-\lambda_0)^e$ 所属的 Jordan 块为

$$\begin{pmatrix}\lambda_0 & 1 & & & \\ & \lambda_0 & 1 & & \\ & & \lambda_0 & \ddots & \\ & & & \ddots & 1\\ & & & & \lambda_0\end{pmatrix}$$

对它作相似

$$\begin{pmatrix}1 & & & & \\ & \lambda_0 & & & \\ & & \lambda_0^2 & & \\ & & & \ddots & \\ & & & & \lambda_0^{e-1}\end{pmatrix}^{-1}\begin{pmatrix}\lambda_0 & 1 & & & \\ & \lambda_0 & 1 & & \\ & & \lambda_0 & \ddots & \\ & & & \ddots & 1\\ & & & & \lambda_0\end{pmatrix}\begin{pmatrix}1 & & & & \\ & \lambda_0 & & & \\ & & \lambda_0^2 & & \\ & & & \ddots & \\ & & & & \lambda_0^{e-1}\end{pmatrix}$$

$$= \lambda_0 \begin{pmatrix} 1 & 1 & & & \\ & 1 & 1 & & \\ & & 1 & \ddots & \\ & & & \ddots & 1 \\ & & & & 1 \end{pmatrix}$$

所以引进 e 阶方阵

$$\boldsymbol{M} = \boldsymbol{M}^{(e)} = \begin{pmatrix} 1 & 1 & & & \\ & 1 & 1 & & \\ & & 1 & \ddots & \\ & & & \ddots & 1 \\ & & & & 1 \end{pmatrix} \tag{7}$$

则 e 阶方阵 $\lambda_0\boldsymbol{M}$ 的初等因子也是 $(\lambda - \lambda_0)^e$，因此如果 n 阶复方阵 $\boldsymbol{A}$ 的所有初等因子为

$$\lambda^{e_1}, \lambda^{e_2}, \cdots, \lambda^{e_s}, (\lambda - \lambda_{s+1})^{e_{s+1}}, \cdots, (\lambda - \lambda_t)^{e_t} \tag{8}$$

其中 $\lambda_{s+1}, \cdots, \lambda_t$ 为非零复数，则 $\boldsymbol{A}$ 相似于标准形

$$\operatorname{diag}(\boldsymbol{N}^{(e_1)}, \boldsymbol{N}^{(e_2)}, \cdots, \boldsymbol{N}^{(e_s)}, \lambda_{s+1}\boldsymbol{M}^{(e_{s+1})}, \cdots, \lambda_t\boldsymbol{M}^{(e_t)}) \tag{9}$$

现在来求实方阵在实相似下的标准形. 设 $\boldsymbol{A}$ 是实方阵，则 $\lambda\boldsymbol{I} - \boldsymbol{A}$ 是以实系数多项式为元素的 λ 方阵，所以 $\lambda\boldsymbol{I} - \boldsymbol{A}$ 的行列式因式是实系数多项式，因此 $\lambda\boldsymbol{I} - \boldsymbol{A}$ 的不变因式也是实系数多项式，所以，将不变因式分解为一次因子之乘积时，复因子和其共轭复因子成对出现，亦即实方阵 $\boldsymbol{A}$ 的所有初等因子可以写为

$$\lambda^{e_1}, \lambda^{e_2}, \cdots, \lambda^{e_s}, (\lambda - \lambda_{s+1})^{e_{s+1}}, \cdots, (\lambda - \lambda_t)^{e_t}$$

$$(\lambda - \tau_1)^{f_1}, \cdots, (\lambda - \tau_p)^{f_p}, (\lambda - \overline{\tau}_1)^{f_1}, \cdots, (\lambda - \overline{\tau}_p)^{f_p}$$

其中 $\lambda_{s+1}, \cdots, \lambda_t$ 是非零实数，$\tau_1, \cdots, \tau_p$ 是虚部不为零的复数. 记 $\tau_j = |\tau_j| e^{i\theta_j} (j = 1, 2, \cdots, p)$，则有

定理 11　实方阵 $\boldsymbol{A}$ 实相似于标准形

$$\mathrm{diag}(\boldsymbol{N}^{(e_1)},\cdots,\boldsymbol{N}^{(e_s)},\lambda_{s+1}\boldsymbol{M}^{(e_{s+1})},\cdots,\lambda_t\boldsymbol{M}^{(e_t)},\\ |\tau_1|\boldsymbol{L}_1,\cdots,|\tau_p|\boldsymbol{L}_p)$$

其中 $\boldsymbol{L}_j$ 是 $2f_j$ 阶实方阵

$$\boldsymbol{L}_j=\begin{pmatrix}(\cos\theta_j)\boldsymbol{M}^{(f_j)} & (\sin\theta_j)\boldsymbol{M}^{(f_j)}\\ (-\sin\theta_j)\boldsymbol{M}^{(f_j)} & (\cos\theta_j)\boldsymbol{M}^{(f_j)}\end{pmatrix}\quad (j=1,2,\cdots,p)$$

证明　今实方阵 $\boldsymbol{A}$ 相似于标准形

$$\mathrm{diag}(\boldsymbol{N}^{(e_1)},\cdots,\boldsymbol{N}^{(e_s)},\lambda_{s+1}\boldsymbol{M}^{(e_{s+1})},\cdots,\lambda_f\boldsymbol{M}^{(e_t)},\\ \tau_1\boldsymbol{M}^{(f_1)},\bar{\tau}_1\boldsymbol{M}^{(f_1)},\cdots,\tau_p\boldsymbol{M}^{(f_p)},\bar{\tau}_p\boldsymbol{M}^{(f_p)})$$

由定理 10 可知,问题化为证明 $2f_j$ 阶复方阵

$$\mathrm{diag}(\tau_j\boldsymbol{M}^{(f_j)},\bar{\tau}_j\boldsymbol{M}^{(f_j)})$$

和 $2f_j$ 阶实方阵 $|\tau_j|\boldsymbol{L}_j$ 相似. 事实上,取

$$\boldsymbol{P}=\begin{pmatrix}\boldsymbol{I}^{(f_j)} & -i\boldsymbol{I}^{(f_j)}\\ \boldsymbol{I}^{(f_j)} & i\boldsymbol{I}^{(f_j)}\end{pmatrix}$$

显然 $\det\boldsymbol{P}\neq 0$,且

$$\begin{aligned}&\boldsymbol{P}(|\tau_j|\boldsymbol{L}_j)\boldsymbol{P}^{-1}\\ =&|\tau_j|\begin{pmatrix}\boldsymbol{I} & -i\boldsymbol{I}\\ \boldsymbol{I} & i\boldsymbol{I}\end{pmatrix}\begin{pmatrix}(\cos\theta_j)\boldsymbol{M} & (\sin\theta_j)\boldsymbol{M}\\ (-\sin\theta_j)\boldsymbol{M} & (\cos\theta_j)\boldsymbol{M}\end{pmatrix}\cdot\\ &\begin{pmatrix}\boldsymbol{I} & -i\boldsymbol{I}\\ \boldsymbol{I} & i\boldsymbol{I}\end{pmatrix}^{-1}\\ =&\mathrm{diag}(\tau_j\boldsymbol{M}^{(f_j)},\bar{\tau}_j\boldsymbol{M}^{(f_j)})\end{aligned}$$

这就证明了定理.

最后,为了以后的需要,我们定出所有和复方阵 $\boldsymbol{A}$ 可交换的复方阵. 假设方阵 $\boldsymbol{B}$ 和 $\boldsymbol{A}$ 可交换,即 $\boldsymbol{AB}=\boldsymbol{BA}$. 将 $\boldsymbol{A}$ 化为 Jordan 标准型,即存在非异复方阵 $\boldsymbol{P}$,使得

$$\boldsymbol{J}=\boldsymbol{PAP}^{-1}=\mathrm{diag}(\boldsymbol{J}_1,\boldsymbol{J}_2,\cdots,\boldsymbol{J}_t)$$

则由 $\boldsymbol{BA}=\boldsymbol{AB}$ 可知

$$(\boldsymbol{PBP}^{-1})(\boldsymbol{PAP}^{-1})=(\boldsymbol{PAP}^{-1})(\boldsymbol{PBP}^{-1})$$

所以方阵 $\boldsymbol{B}$ 和 $\boldsymbol{A}$ 可交换的必要且充分条件为方阵 $\boldsymbol{B}_1=\boldsymbol{PBP}^{-1}$ 和 $\boldsymbol{J}$ 可交换. 因此,只要定出所有和 Jordan 标准型 $\boldsymbol{J}$ 可交换的方阵 $\boldsymbol{B}_1$ 就行了. 为此,将方阵 $\boldsymbol{B}_1$ 按照 Jordan 标准型 $\boldsymbol{J}$ 的分块方法分块,即令

$$\boldsymbol{B}_1=\begin{pmatrix}\boldsymbol{B}_{11} & \cdots & \boldsymbol{B}_{1t}\\ \vdots & & \vdots\\ \boldsymbol{B}_{t1} & \cdots & \boldsymbol{B}_{tt}\end{pmatrix}$$

由 $\boldsymbol{B}_1\boldsymbol{J}=\boldsymbol{J}\boldsymbol{B}_1$ 可知

$$\boldsymbol{B}_{jk}\boldsymbol{J}_k=\boldsymbol{J}_j\boldsymbol{B}_{jk}\quad(j,k=1,2,\cdots,t)$$

由此可见,方阵 $\boldsymbol{B}_1$ 和 $\boldsymbol{J}$ 可交换的必要且充分条件为每一子块 $\boldsymbol{B}_{jk}$ 有上列关系,所以问题化为定出 $p\times q$ 矩阵

$$\begin{pmatrix}b_{11} & \cdots & b_{1q}\\ \vdots & & \vdots\\ b_{p1} & \cdots & b_{pq}\end{pmatrix}$$

它适合关系

$$\begin{pmatrix}b_{11} & \cdots & b_{1q}\\ \vdots & & \vdots\\ b_{p1} & \cdots & b_{pq}\end{pmatrix}\begin{pmatrix}\xi & 1 & & & \\ & \xi & 1 & & \\ & & \xi & \ddots & \\ & & & \ddots & 1\\ & & & & \xi\end{pmatrix}$$

$$=\begin{pmatrix}\eta & 1 & & & \\ & \eta & 1 & & \\ & & \eta & \ddots & \\ & & & \ddots & 1\\ & & & & \eta\end{pmatrix}\begin{pmatrix}b_{11} & \cdots & b_{1q}\\ \vdots & & \vdots\\ b_{p1} & \cdots & b_{pq}\end{pmatrix}$$

亦即

$$\begin{pmatrix} \xi b_{11} & b_{11}+\xi b_{12} & \cdots & b_{1,q-1}+\xi b_{1q} \\ \xi b_{21} & b_{21}+\xi b_{22} & \cdots & b_{2,q-1}+\xi b_{2q} \\ \vdots & \vdots & & \vdots \\ \xi b_{p-1,1} & b_{p-1,1}+\xi b_{p-1,2} & \cdots & b_{p-1,q-1}+\xi b_{q-1,q} \\ \xi b_{p1} & b_{p1}+\xi b_{p2} & \cdots & b_{p,q-1}+\xi b_{pq} \end{pmatrix}$$

$$= \begin{pmatrix} \eta b_{11}+b_{21} & \cdots & \eta b_{1q}+b_{2q} \\ \eta b_{21}+b_{31} & \cdots & \eta b_{2q}+b_{3q} \\ \vdots & & \vdots \\ \eta b_{p-1,1}+b_{p1} & \cdots & \eta b_{p-1,q}+b_{pq} \\ \eta b_{p1} & \cdots & \eta b_{pq} \end{pmatrix}$$

双方从最后一行倒数往上一行一行地进行比较，所以在 $\xi \neq \eta$ 时

$$\begin{pmatrix} b_{11} & \cdots & b_{1q} \\ \vdots & & \vdots \\ b_{p1} & \cdots & b_{pq} \end{pmatrix} = \mathbf{0}$$

在 $\xi = \eta$ 时分两种情形：

(i) 当 $p \geqslant q$ 时

$$\begin{pmatrix} b_{11} & \cdots & b_{1q} \\ \vdots & & \vdots \\ b_{p1} & \cdots & b_{pq} \end{pmatrix} = \begin{pmatrix} \begin{pmatrix} b_1 & b_2 & \cdots & b_q \\ & b_1 & \ddots & \vdots \\ & & \ddots & b_2 \\ & & & b_1 \end{pmatrix} \\ 0^{(p-q,q)} \end{pmatrix}$$

（ii）当 $p<q$ 时

$$\begin{pmatrix} b_{11} & \cdots & b_{1q} \\ \vdots & & \vdots \\ b_{p1} & \cdots & b_{pq} \end{pmatrix} = \left(0^{(p,q-p)} \quad \begin{pmatrix} c_1 & c_2 & \cdots & c_p \\ & c_1 & \ddots & \vdots \\ & & \ddots & c_2 \\ & & & c_1 \end{pmatrix} \right)$$

其中 $b_1,b_2,\cdots,b_q,c_1,c_2,\cdots,c_p$ 都是与 ξ 及 η 无关的复数. 因此我们定出了所有和方阵 $\boldsymbol{J}$ 可交换的方阵 $\boldsymbol{B}_1$，亦即定出了所有和方阵 $\boldsymbol{A}$ 可交换的方阵 $\boldsymbol{B}$.

第6章 方阵函数和方阵幂级数

和通常的函数概念一样，可以定义以方阵为自变量和因变量（函数值）的函数. 最简单的方阵函数就是方阵多项式

$$Y = f(X) = a_0 X^p + a_1 X^{p-1} + \cdots + a_{p-1} X + a_p I$$

其中 X 是 n 阶复方阵，$a_0, a_1, \cdots, a_{p-1}, a_p$ 都是复数.

在这一章只考虑一类特殊的方阵函数，称为纯函数. 对这类函数的研究能够充分地利用方阵在相似下的 Jordan 标准型理论. 正因为要利用 Jordan 标准型，所以这一章始终是以元素为复数的方阵作为讨论对象的.

先从方阵多项式说起. 显然，任一方阵多项式 $Y = f(X)$ 具有下面一些特性. 首先，对任一非异方阵 P，则

$$f(PXP^{-1}) = Pf(X)P^{-1}$$

其次,它具有性质

$$f(\mathrm{diag}(\boldsymbol{X}_1,\boldsymbol{X}_2,\cdots,\boldsymbol{X}_t))$$
$$=\mathrm{diag}(f(\boldsymbol{X}_1),f(\boldsymbol{X}_2),\cdots,f(\boldsymbol{X}_t))$$

因此,设方阵 $\boldsymbol{A}$ 相似于 Jordan 标准型 $\mathrm{diag}(\boldsymbol{J}_1,\boldsymbol{J}_2,\cdots,\boldsymbol{J}_t)=\boldsymbol{PAP}^{-1}$,则

$$\begin{aligned}f(\boldsymbol{A})&=f(\boldsymbol{P}^{-1}\mathrm{diag}(\boldsymbol{J}_1,\boldsymbol{J}_2,\cdots,\boldsymbol{J}_t)\boldsymbol{P})\\&=\boldsymbol{P}^{-1}f(\mathrm{diag}(\boldsymbol{J}_1,\boldsymbol{J}_2,\cdots,\boldsymbol{J}_t))\boldsymbol{P}\\&=\boldsymbol{P}^{-1}\mathrm{diag}(f(\boldsymbol{J}_1),f(\boldsymbol{J}_2),\cdots,f(\boldsymbol{J}_t))\boldsymbol{P}\end{aligned}$$

所以在给定方阵 $\boldsymbol{A}$ 后,若知道它经过非异方阵 $\boldsymbol{P}$ 化为 Jordan 标准型,那么,要计算多项式 $f(\boldsymbol{X})$ 在 $\boldsymbol{X}=\boldsymbol{A}$ 时的函数值,只要知道多项式 $f(\boldsymbol{X})$ 对每个 Jordan 块的函数值就行了. 而任取 Jordan 块

$$J_0=\begin{pmatrix}\lambda_0 & 1 & & & \\ & \lambda_0 & 1 & & \\ & & \lambda_0 & \ddots & \\ & & & \ddots & 1\\ & & & & \lambda_0\end{pmatrix}$$

则

$$f(\boldsymbol{J}_0)=\sum_{k=0}^{p}a_{p-k}\boldsymbol{J}_0^k$$
$$=\begin{pmatrix}f(\lambda_0) & \frac{1}{1!}f'(\lambda_0) & \frac{1}{2!}f''(\lambda_0) & \cdots & \frac{1}{(n-1)!}f^{(n-1)}(\lambda_0)\\ & f(\lambda_0) & \frac{1}{1!}f'(\lambda_0) & \cdots & \frac{1}{(n-2)!}f^{(n-2)}(\lambda_0)\\ & & f(\lambda_0) & \cdots & \frac{1}{(n-3)!}f^{(n-3)}(\lambda_0)\\ & & & \ddots & \vdots\\ & & & & f(\lambda_0)\end{pmatrix}$$

所以在 $\boldsymbol{X}=\boldsymbol{J}_0$ 时,方阵多项式 $f(\boldsymbol{X})$ 的函数值只和数值多项式

$$f(\lambda)=a_0\lambda^p+a_1\lambda^{p-1}+\cdots+a_{p-1}\lambda+a_p$$

以及它的若干次微商在 $\lambda=\lambda_0$ 的值有关.

作为方阵多项式的推广,可以引进方阵幂级数的概念.它和方阵多项式一样,具有上述三个特性.

任给一个 n 阶复方阵的序列

$$\boldsymbol{A}_p=\begin{pmatrix}a_{11}^{(p)} & \cdots & a_{1n}^{(p)}\\ \vdots & & \vdots\\ a_{n1}^{(p)} & \cdots & a_{nn}^{(p)}\end{pmatrix}\quad (p=0,1,2,\cdots)$$

如果 n^2 个复数序列 $\{a_{jk}^{(p)}\}_{p=0}^{\infty}$ 都收敛,且 $\lim\limits_{p\to\infty}a_{jk}^{(p)}=a_{jk}$,那么称方阵序列 $\{\boldsymbol{A}_p\}_{p=0}^{\infty}$ 收敛,且收敛于 n 阶复方阵

$$\boldsymbol{A}=\begin{pmatrix}a_{11} & \cdots & a_{1n}\\ \vdots & & \vdots\\ a_{n1} & \cdots & a_{nn}\end{pmatrix}$$

用符号

$$\lim_{p\to\infty}\boldsymbol{A}_p=\lim_{p\to\infty}\begin{pmatrix}a_{11}^{(p)} & \cdots & a_{1n}^{(p)}\\ \vdots & & \vdots\\ a_{n1}^{(p)} & \cdots & a_{nn}^{(p)}\end{pmatrix}=\begin{pmatrix}\lim\limits_{p\to\infty}a_{11}^{(p)} & \cdots & \lim\limits_{p\to\infty}a_{1n}^{(p)}\\ \vdots & & \vdots\\ \lim\limits_{p\to\infty}a_{n1}^{(p)} & \cdots & \lim\limits_{p\to\infty}a_{nn}^{(p)}\end{pmatrix}=\begin{pmatrix}a_{11} & \cdots & a_{1n}\\ \vdots & & \vdots\\ a_{n1} & \cdots & a_{nn}\end{pmatrix}$$

记之.

再任给一个 n 阶复方阵的序列 $\{\boldsymbol{A}_p\}_{p=0}^{\infty}$ 及一个复数序列 $\{a_p\}_{p=0}^{\infty}$，作方阵序列

$$\boldsymbol{B}_p = \sum_{k=0}^{p} a_k \boldsymbol{A}_k \quad (p = 0,1,2,\cdots)$$

则方阵序列 $\{\boldsymbol{B}_p\}_{p=0}^{\infty}$ 的极限记作 $\sum_{k=0}^{\infty} a_k \boldsymbol{A}_k$，称为方阵级数. 若方阵序列 $\{\boldsymbol{B}_p\}_{p=0}^{\infty}$ 收敛，且收敛于方阵 $\boldsymbol{B}$，那么称方阵级数 $\sum_{k=0}^{\infty} a_k \boldsymbol{A}_k$ 收敛于方阵 $\boldsymbol{B}$. 按定义

$$\sum_{k=0}^{\infty} a_k \boldsymbol{A}_k = \boldsymbol{B}$$

若方阵序列 $\{\boldsymbol{B}_p\}_{p=0}^{\infty}$ 不收敛，则称方阵级数 $\sum_{k=0}^{\infty} a_k \boldsymbol{A}_k$ 发散.

由定义可知，方阵级数 $\sum_{k=0}^{\infty} a_k \boldsymbol{A}_k$ 收敛的必要且充分条件为 n^2 个数值级数 $\sum_{k=0}^{\infty} a_k a_{pq}^{(k)}(p,q = 1,2,\cdots,n)$ 同时收敛. 方阵级数 $\sum_{k=0}^{\infty} a_k \boldsymbol{A}_k$ 发散的必要且充分条件为 n^2 个数值级数 $\sum_{k=0}^{\infty} a_k a_{pq}^{(k)}(p,q = 1,2,\cdots,n)$ 中至少有一个数值级数发散.

现在可以推广数值幂级数的概念了. 对任一 n 阶方阵 $\boldsymbol{A}$ 及任一复数序列 $\{a_p\}_{p=0}^{\infty}$，方阵级数

$$\sum_{p=0}^{\infty} a_p \boldsymbol{A}^p$$

称为方阵 $\boldsymbol{A}$ 的幂级数. 因此，对方阵变量 $\boldsymbol{X}$，利用方阵 $\boldsymbol{X}$ 的幂级数便定义了一个方阵函数

$$\boldsymbol{Y}=f(\boldsymbol{X})=\sum_{p=0}^{\infty}a_p\boldsymbol{X}^p$$

下面来证明,方阵幂级数和方阵多项式具有同样的三个特性,即有

定理 1　方阵 $\boldsymbol{X}$ 的幂级数 $f(\boldsymbol{X})$ 有性质:

(i) $f(\boldsymbol{PXP}^{-1})=\boldsymbol{P}f(\boldsymbol{X})\boldsymbol{P}^{-1}$ 对一切同阶非异方阵 $\boldsymbol{P}$ 成立;

(ii) $f(\mathrm{diag}(\boldsymbol{X}_1,\boldsymbol{X}_2,\cdots,\boldsymbol{X}_t))=\mathrm{diag}(f(\boldsymbol{X}_1),f(\boldsymbol{X}_2),\cdots,f(\boldsymbol{X}_t))$;

(iii) 记复变数的幂级数为

$$f(z)=\sum_{p=0}^{\infty}a_pz^p$$

则对任一 n 阶 Jordan 块

$$\boldsymbol{J}_0=\begin{pmatrix}\lambda_0 & 1 & & & \\ & \lambda_0 & 1 & & \\ & & \lambda_0 & \ddots & \\ & & & \ddots & 1 \\ & & & & \lambda_0\end{pmatrix}$$

当 $|\lambda_0|<r$(幂级数 $f(z)$ 的收敛半径)时,有

$$f(\boldsymbol{J}_0)=\sum_{p=0}^{\infty}a_p\boldsymbol{J}_0^p$$

$$=\begin{pmatrix}f(\lambda_0) & \frac{1}{1!}f'(\lambda_0) & \frac{1}{2!}f''(\lambda_0) & \cdots & \frac{1}{(n-1)!}f^{(n-1)}(\lambda_0) \\ & f(\lambda_0) & \frac{1}{1!}f'(\lambda_0) & \cdots & \frac{1}{(n-2)!}f^{(n-2)}(\lambda_0) \\ & & f(\lambda_0) & \cdots & \frac{1}{(n-3)!}f^{(n-3)}(\lambda_0) \\ & & & \ddots & \vdots \\ & & & & f(\lambda_0)\end{pmatrix}$$

证明　因为对于任一非异复方阵 $\boldsymbol{P}$，及任一方阵序列 $\{\boldsymbol{B}_p\}_{p=0}^{\infty}$，有

$$\lim_{p\to\infty}\boldsymbol{P}\boldsymbol{B}_p\boldsymbol{P}^{-1}=\boldsymbol{P}(\lim_{p\to\infty}\boldsymbol{B}_p)\boldsymbol{P}^{-1}$$

所以有

$$\begin{aligned}f(\boldsymbol{P}\boldsymbol{X}\boldsymbol{P}^{-1})&=\sum_{p=0}^{\infty}a_p(\boldsymbol{P}\boldsymbol{X}\boldsymbol{P}^{-1})^p\\&=\boldsymbol{P}(\sum_{p=0}^{\infty}a_p\boldsymbol{X}^p)\boldsymbol{P}^{-1}=\boldsymbol{P}f(\boldsymbol{X})\boldsymbol{P}^{-1}\end{aligned}$$

即性质(i) 成立. 再由

$$(\mathrm{diag}(\boldsymbol{X}_1,\boldsymbol{X}_2,\cdots,\boldsymbol{X}_t))^p=\mathrm{diag}(\boldsymbol{X}_1^p,\boldsymbol{X}_2^p,\cdots,\boldsymbol{X}_t^p)$$

可知性质(ii) 成立. 下面来证明性质(iii) 成立. 令

$$\boldsymbol{B}_p=\sum_{k=0}^{p}a_k\boldsymbol{J}_0^k$$

记 $f_p(z)=\sum_{k=0}^{p}a_z z^k$，则 $\lim_{p\to\infty}f_p(z)=f(z)$，且

$$\lim_{p\to\infty}\boldsymbol{B}_p=\sum_{k=0}^{\infty}a_k\boldsymbol{J}_0^k=f(\boldsymbol{J}_0)$$

由于方阵多项式具有性质(iii)，所以

$$\boldsymbol{B}_p=\begin{pmatrix}f_p(\lambda_0) & \frac{1}{1!}f'_p(\lambda_0) & \frac{1}{2!}f''_p(\lambda_0) & \cdots & \frac{1}{(n-1)!}f_p^{(n-1)}(\lambda_0)\\ & f_p(\lambda_0) & \frac{1}{1!}f'_p(\lambda_0) & \cdots & \frac{1}{(n-2)!}f_p^{(n-2)}(\lambda_0)\\ & & f_p(\lambda_0) & \cdots & \frac{1}{(n-3)!}f_p^{(n-3)}(\lambda_0)\\ & & & \ddots & \vdots\\ & & & & f_p(\lambda_0)\end{pmatrix}$$

当 p 趋于无穷时，由方阵序列极限的定义及数值级数的性质可知性质(iii) 成立. 定理证完.

利用这个定理，就可以把方阵 $\boldsymbol{A}$ 的幂级数的性质

化为当 $\boldsymbol{A}$ 是 Jordan 块时幂级数的性质,这样讨论就方便了. 利用这点,在下面先推广数值幂级数的收敛半径的概念,然后引进几种重要的方阵级数,诸如指数函数、对数函数、三角函数、二项展开式等等.

现在来证方阵幂级数的主要定理.

定理 2　设数值幂级数 $\sum\limits_{k=0}^{\infty} a_k z^k$ 的收敛半径为 ρ,共设 n 阶复方阵 $\boldsymbol{A}$ 的 n 个特征根为 $\lambda_1,\lambda_2,\cdots,\lambda_n$,则:

(i) 当 $\rho > \max\limits_{1\leqslant j\leqslant n} |\lambda_j|$ 时,方阵幂级数 $\sum\limits_{k=0}^{\infty} a_k \boldsymbol{A}^k$ 收敛;

(ii) 当 $\rho < \max\limits_{1\leqslant j\leqslant n} |\lambda_j|$ 时,方阵幂级数 $\sum\limits_{k=0}^{\infty} a_k \boldsymbol{A}^k$ 发散;

(iii) 当 $\rho = \max\limits_{1\leqslant j\leqslant n} |\lambda_j|$ 时,方阵幂级数 $\sum\limits_{k=0}^{\infty} a_k \boldsymbol{A}^k$ 收敛的必要且充分条件是:对每一绝对值为 ρ 的特征根 λ_j,设方阵 $\boldsymbol{A}$ 的属于特征根 λ_j 的初等因子中最高方次为 n_j,则 n_j 个数值级数

$$\sum_{k=0}^{\infty} a_k \lambda_j^k,\ \sum_{k=1}^{\infty} k a_k \lambda_j^{k-1},\cdots,\ \sum_{k=nj-1}^{\infty} k(k-1)\cdots(k-n_j+2) a_k \lambda_j^{k-n_j+1}$$

都收敛;

(iv) 在方阵幂级数 $\sum\limits_{k=0}^{\infty} a_k \boldsymbol{A}^k$ 收敛时,它的 n 个特征根是

$$\sum_{k=0}^{\infty} a_k \lambda_1^k,\ \sum_{k=0}^{\infty} a_k \lambda_2^k,\cdots,\ \sum_{k=0}^{\infty} a_k \lambda_n^k$$

证明　设 A 相似于 Jordan 标准型 $\mathrm{diag}(\boldsymbol{J}_1,\boldsymbol{J}_2,\cdots,\boldsymbol{J}_t)$,其中 $\boldsymbol{J}_1,\boldsymbol{J}_2,\cdots,\boldsymbol{J}_t$ 都是 Jordan 块,则判断方

阵幂级数 $f(\boldsymbol{A})=\sum_{k=0}^{\infty}a_k\boldsymbol{A}^k$ 收敛或发散的问题便化为：t 个方阵幂级数 $f(\boldsymbol{J}_1)$, $f(\boldsymbol{J}_2)$, $\cdots$, $f(\boldsymbol{J}_t)$ 何时同时收敛，何时至少有一个发散. 由定理 1 可知，设

$$\boldsymbol{J}_j=\begin{pmatrix}\lambda_j & 1 & & & \\ & \lambda_j & 1 & & \\ & & \lambda_j & \ddots & \\ & & & \ddots & 1 \\ & & & & \lambda_j\end{pmatrix}$$

是 e_j 阶 Jordan 块，则 $f(\boldsymbol{J}_j)$ 收敛的必要且充分条件为数值幂级数

$$f(\lambda_j)=\sum_{k=0}^{\infty}a_k\lambda_j^k$$

$$f'(\lambda_j)=\sum_{k=1}^{\infty}ka_k\lambda_j^{k-1}$$

$$\vdots$$

$$f^{(e_j-1)}(\lambda_j)=\sum_{k=e_j-1}^{\infty}k(k-1)\cdots(k-e_j+2)a_k\lambda_j^{k-e_j+1}$$

同时收敛；发散的必要且充分条件为有一个数值幂级数发散.

已知复变幂级数 $f(z)=\sum_{k=0}^{\infty}a_kz^k$ 的收敛半径为 ρ，那么 $f(z)=\sum_{k=0}^{\infty}a_kz^k$ 是一个解析函数，即 $f(z)$ 的任意次微商

$$\begin{aligned}f^{(l)}(z)&=\frac{\mathrm{d}^lf(z)}{\mathrm{d}z^l}\\&=\sum_{k=l}^{\infty}k(k-1)(k-2)\cdots(k-l+1)a_kz^{k-l}\end{aligned}$$

在 $|z|<\rho$ 也收敛，所以证明了：当 $|\lambda_j|<\rho$ 时，$f(\boldsymbol{J}_j)$ 收敛，即断言(i) 成立；当 $|z|>\rho$ 时，已知幂级数 $\sum_{k=0}^{\infty} a_k z^k$ 发散，所以断言(ii) 也成立；断言(iii) 显然成立. 最后，因为当 $\boldsymbol{A}$ 为 Jordan 块 $\boldsymbol{J}_0$ 时，$f(\boldsymbol{J}_0)=\sum_{k=0}^{\infty} a_k \boldsymbol{J}_0^k$ 是上三角方阵，对角元素全是 $\sum_{k=0}^{\infty} a_k \lambda_0^k$，已知它是方阵 $f(\boldsymbol{J}_0)$ 的特征根，所以断言(iv) 成立. 定理证毕.

下面利用特殊的数值幂级数来定义方阵幂级数

$$\mathrm{e}^{\boldsymbol{A}}=\sum_{k=0}^{\infty} \frac{1}{k!}\boldsymbol{A}^k=\boldsymbol{I}+\frac{1}{1!}\boldsymbol{A}+\frac{1}{2!}\boldsymbol{A}^2+\cdots$$

$$\sin \boldsymbol{A}=\sum_{k=1}^{\infty} \frac{(-1)^{k-1}}{(2k-1)!}\boldsymbol{A}^{2k-1}$$

$$\cos \boldsymbol{A}=\sum_{k=0}^{\infty} \frac{(-1)^{k}}{(2k)!}\boldsymbol{A}^{2k}$$

$$\log(\boldsymbol{I}+\boldsymbol{A})=\sum_{k=1}^{\infty} \frac{(-1)^{k-1}}{k}\boldsymbol{A}^k=\boldsymbol{A}-\frac{1}{2}\boldsymbol{A}^2+\frac{1}{3}\boldsymbol{A}^3+\cdots$$

$$(\boldsymbol{I}+\boldsymbol{A})^{\alpha}=\sum_{k=0}^{\infty} \mathrm{C}_k^{\alpha}\mathrm{A}^k=\sum_{k=0}^{\infty} \frac{\alpha(\alpha-1)(\alpha-2)\cdots(\alpha-k+1)}{k!}\boldsymbol{A}^k$$

其中 α 为任意确定的实数.

函数 $\mathrm{e}^{\boldsymbol{A}}$，$\sin \boldsymbol{A}$，$\cos \boldsymbol{A}$ 对一切方阵 $\boldsymbol{A}$ 都有定义，原因是复变幂级数

$$\mathrm{e}^{z}=\sum_{k=0}^{\infty} \frac{1}{k!}z^k$$

$$\sin z=\sum_{k=0}^{\infty} \frac{(-1)^{k-1}}{(2k-1)!}z^{2k-1}$$

$$\cos z=\sum_{k=1}^{\infty} \frac{(-1)^{k}}{(2k)!}z^{2k}$$

的收敛半径都是无穷大. 另一方面,因为复变幂级数

$$\log(1+z)=\sum_{k=1}^{\infty}\frac{(-1)^{k-1}}{k}z^k$$

$$(1+z)^\alpha=\sum_{k=0}^{\infty}C_k^\alpha z^k$$

的收敛半径都是1,所以方阵幂级数 $\log(\boldsymbol{I}+\boldsymbol{A})$ 及 $(\boldsymbol{I}+\boldsymbol{A})^\alpha$ 对这样的方阵 $\boldsymbol{A}$ 才有定义:即 $\boldsymbol{A}$ 的特征根的模都小于1. 我们不再仔细追究方阵函数 $\log(\boldsymbol{I}+\boldsymbol{A})$ 及 $(\boldsymbol{I}+\boldsymbol{A})^\alpha$ 的定义范围了,读者学了复变函数理论后,可以看出,只要 $\boldsymbol{A}$ 没有特征根 -1,那么 $\log(\boldsymbol{I}+\boldsymbol{A})$ 及 $(\boldsymbol{I}+\boldsymbol{A})^\alpha$ 总是有定义的,然而只有在 $\boldsymbol{A}$ 的特征根之模都小于 1 时才能用上面的幂级数表示.

最有用的方阵幂级数是 $e^{\boldsymbol{A}}$, $\log(\boldsymbol{I}+\boldsymbol{A})$, $(\boldsymbol{I}+\boldsymbol{A})^\alpha$. 不过,在应用时要注意,这些函数和普通的复变函数 e^z, $\log(1+z)$, $(1+z)^\alpha$ 具有完全不同的性质,其主要原因出在复数相乘有交换律,而方阵相乘却不一定可交换. 例如,对应两复数 a 和 b,则 $e^{a+b}=e^ae^b=e^be^a$,但是对任两方阵 $\boldsymbol{A}$ 和 $\boldsymbol{B}$,则方阵 $e^{\boldsymbol{A}+\boldsymbol{B}}$, $e^{\boldsymbol{A}}e^{\boldsymbol{B}}$, $e^{\boldsymbol{B}}e^{\boldsymbol{A}}$ 可以是三个完全不同的方阵. 下面便是一个很简单的例子:取

$$\boldsymbol{A}=\begin{pmatrix}1&0\\0&0\end{pmatrix},\boldsymbol{B}=\begin{pmatrix}1&1\\0&0\end{pmatrix}$$

则

$$e^{\boldsymbol{A}}=\begin{pmatrix}e&0\\0&0\end{pmatrix},e^{\boldsymbol{B}}=\begin{pmatrix}e&e\\0&0\end{pmatrix}$$

所以

$$e^{\boldsymbol{A}+\boldsymbol{B}}=\begin{pmatrix}e^2&\frac{1}{2}e^2\\0&0\end{pmatrix},e^{\boldsymbol{A}}e^{\boldsymbol{B}}=\begin{pmatrix}e^2&e^2\\0&0\end{pmatrix},e^{\boldsymbol{B}}e^{\boldsymbol{A}}=\begin{pmatrix}e^2&0\\0&0\end{pmatrix}$$

这个例子告诉我们,在运用方阵幂级数时不能随便套

上普通函数的性质.

定理3　设$\boldsymbol{A}$和$\boldsymbol{B}$是一对互相可交换的n阶方阵，则

$$e^{\boldsymbol{A}}e^{\boldsymbol{B}}=e^{\boldsymbol{B}}e^{\boldsymbol{A}}=e^{\boldsymbol{A}+\boldsymbol{B}}$$

证明　记 $\boldsymbol{A}=(a_{jk}),\boldsymbol{B}=(b_{jk})$. 令

$$d=\max_{1\leqslant j,k\leqslant n}(|a_{jk}|,|b_{jk}|)+1$$

并记

$$\boldsymbol{A}^l=(a_{jk}^{(l)}),\boldsymbol{B}^l=(b_{jk}^{(l)})$$

则用归纳法不难证明

$$|a_{jk}^{(l)}|\leqslant(nd)^l,|b_{jk}^{(l)}|\leqslant(nd)^l$$
$$(j,k=1,2,\cdots,n;l=1,2,\cdots)$$

显然

$$e^{\boldsymbol{A}+\boldsymbol{B}}=\lim_{p\to\infty}\sum_{k=0}^{p}\frac{1}{k!}(\boldsymbol{A}+\boldsymbol{B})^k=\lim_{p\to\infty}\sum_{k=0}^{p}\frac{1}{k!}\sum_{l=0}^{k}C_l^k\boldsymbol{A}^l\boldsymbol{B}^{k-l}$$

$$\begin{aligned}e^{\boldsymbol{A}}e^{\boldsymbol{B}}&=\lim_{p\to\infty}\left(\sum_{l=0}^{p}\frac{1}{l!}\boldsymbol{A}^l\right)\lim_{p\to\infty}\left(\sum_{q=0}^{p}\frac{1}{q!}\boldsymbol{B}^q\right)\\&=\lim_{p\to\infty}\sum_{l,q=0}^{p}\frac{1}{l!\ q!}\boldsymbol{A}^l\boldsymbol{B}^q\end{aligned}$$

为了证明 $e^{\boldsymbol{A}+\boldsymbol{B}}=e^{\boldsymbol{A}}e^{\boldsymbol{B}}$，只要证明当$p$趋于无穷时

$$G_p=\sum_{k=0}^{p}\frac{1}{k!}\sum_{l=0}^{k}C_l^k\boldsymbol{A}^l\boldsymbol{B}^{k-l}-\sum_{l,q=0}^{p}\frac{1}{l!\ q!}\boldsymbol{A}^l\boldsymbol{B}^q$$

趋于零，即方阵G_p的每个元素趋于零. 今

$$\begin{aligned}G_p&=\sum_{k=0}^{p}\frac{1}{k!}\sum_{l=0}^{k}C_l^k\boldsymbol{A}^l\boldsymbol{B}^{k-l}-\sum_{l,q=0}^{p}\frac{1}{l!\ q!}\boldsymbol{A}^l\boldsymbol{B}^q\\&=\sum_{k=0}^{p}\sum_{l+q=k}\frac{1}{l!\ q!}\boldsymbol{A}^l\boldsymbol{B}^q-\sum_{l,q=0}^{p}\frac{1}{l!\ q!}\boldsymbol{A}^l\boldsymbol{B}^q\\&=-\sum_{0\leqslant l,q\leqslant p}\sum_{l+q>p}\frac{1}{l!\ q!}\boldsymbol{A}^l\boldsymbol{B}^q\end{aligned}$$

而 $A^l B^q$ 的第 j 行第 k 列元素为 $\sum_{t=1}^{n} a_{jt}^{(l)} b_{tk}^{(q)}$，由于

$$\left|\sum_{t=1}^{n} a_{jt}^{(l)} b_{tk}^{(q)}\right| \leqslant \sum_{t=1}^{n} |a_{jt}^{(l)}| |b_{tk}^{(q)}|$$
$$\leqslant \sum_{t=1}^{n} (nd)^l (nd)^q = n(nd)^{l+q}$$

所以方阵 G_p 的每个元素的绝对值不超过

$$\sum_{0\leqslant l,q\leqslant p} \sum_{l+q<p} \frac{1}{q!\ l!} n(nd)^{l+q}$$
$$\leqslant \frac{p(p+1)}{2} \frac{n(nd)^{2p}}{\left(\left[\frac{p}{2}\right]\right)!}$$

显然

$$\lim_{p\to\infty} \frac{p(p+1)}{2} \frac{n(nd)^{2p}}{\left(\left[\frac{p}{2}\right]\right)!} = 0$$

所以我们证明了 $e^{A+B} = e^A e^B$. 同理可证 $e^{A+B} = e^B e^A$. 定理证完.

下面再进一步考虑指数函数.

由定理 2 的(iv)可知，设方阵 A 的 n 个特征根为 $\lambda_1, \lambda_2, \cdots, \lambda_n$，那么方阵 e^A 的 n 个特征根为 $e^{\lambda_1}, e^{\lambda_2}, \cdots, e^{\lambda_n}$，所以

$$\det e^A = e^{\lambda_1} e^{\lambda_2} \cdots e^{\lambda_n} = e^{\lambda_1+\lambda_2+\cdots+\lambda_n} = e^{\mathrm{Tr}A} \neq 0$$

因此对任一方阵 A，则 e^A 是非异方阵. 反之，有

定理 4 对任一非异方阵 A，存在方阵 B 使得 $e^B = A$；换句话说，方阵方程 $e^X = A$ 必有解.

证明 令 A 是非异方阵，设 A 的全部初等因子为 $(\lambda-\lambda_1)^{e_1}, (\lambda-\lambda_2)^{e_2}, \cdots, (\lambda-\lambda_t)^{e_t}$，其中 $\lambda_1, \lambda_2, \cdots, \lambda_t$ 是 t 个非零复数，因此存在 n 阶非异复方

阵 $\boldsymbol{P}$,使得

$$\boldsymbol{PAP}^{-1} = \mathrm{diag}(\lambda_1\boldsymbol{M}^{(e_1)},\lambda_2\boldsymbol{M}^{(e_2)},\cdots,\lambda_t\boldsymbol{M}^{(e_t)})$$

所以,如果我们能解方阵方程 $\lambda_0\boldsymbol{M}=\mathrm{e}^{\boldsymbol{X}}(\lambda_0\neq 0)$,那么存在阶数各为 $e_1,e_2,\cdots,e_t$ 的方阵 $\boldsymbol{X}_1,\boldsymbol{X}_2,\cdots,\boldsymbol{X}_t$,使得

$$\mathrm{e}^{\boldsymbol{X}_j} = \lambda_j\boldsymbol{M}^{(e_j)} \quad (j=1,2,\cdots,t)$$

所以

$$\begin{aligned}\boldsymbol{PAP}^{-1} &= \mathrm{diag}(\lambda_1\boldsymbol{M}^{(e_1)},\lambda_2\boldsymbol{M}^{(e_2)},\cdots,\lambda_t\boldsymbol{M}^{(e_t)})\\ &= \mathrm{diag}(\mathrm{e}^{\boldsymbol{X}_1},\mathrm{e}^{\boldsymbol{X}_2},\cdots,\mathrm{e}^{\boldsymbol{X}_t})\\ &= \mathrm{e}^{\mathrm{diag}(\boldsymbol{X}_1,\boldsymbol{X}_2,\cdots,\boldsymbol{X}_t)}\end{aligned}$$

即

$$\boldsymbol{A} = \boldsymbol{P}^{-1}\mathrm{e}^{\mathrm{diag}(\boldsymbol{X}_1,\boldsymbol{X}_2,\cdots,\boldsymbol{X}_t)}\boldsymbol{P} = \mathrm{e}^{\boldsymbol{P}^{-1}\mathrm{diag}(\boldsymbol{X}_1,\boldsymbol{X}_2,\cdots,\boldsymbol{X}_t)\boldsymbol{P}}$$

因此

$$\boldsymbol{B} = \boldsymbol{P}^{-1}\mathrm{diag}(\boldsymbol{X}_1,\boldsymbol{X}_2,\cdots,\boldsymbol{X}_t)\boldsymbol{P}$$

便是所求的解.

现在来求方阵方程 $\lambda_0\boldsymbol{M}=\mathrm{e}^{\boldsymbol{X}}$ 的解. 由于 $\lambda_0\neq 0$,令 $\boldsymbol{X}=\boldsymbol{Y}+(\log\lambda_0)\boldsymbol{I}$,则由定理3,有

$$\mathrm{e}^{\boldsymbol{X}} = \mathrm{e}^{\boldsymbol{Y}+(\log\lambda_0)\boldsymbol{I}} = \mathrm{e}^{\boldsymbol{Y}}\mathrm{e}^{(\log\lambda_0)\boldsymbol{I}} = \lambda_0\mathrm{e}^{\boldsymbol{Y}}$$

因此,如果 $\mathrm{e}^{\boldsymbol{X}}=\lambda_0\boldsymbol{M}$,则 $\mathrm{e}^{\boldsymbol{Y}}=\boldsymbol{M}$,所以无妨设 $\lambda_0=1$.

令

$$\boldsymbol{M} = \begin{pmatrix}1 & 1 & & & \\ & 1 & 1 & & \\ & & 1 & \ddots & \\ & & & \ddots & 1\\ & & & & 1\end{pmatrix}$$

$$= \begin{pmatrix} 1 & & & & \\ & 1 & & & \\ & & 1 & & \\ & & & \ddots & \\ & & & & 1 \end{pmatrix} + \begin{pmatrix} 0 & 1 & & & \\ & 0 & 1 & & \\ & & 0 & \ddots & \\ & & & \ddots & 1 \\ & & & & 0 \end{pmatrix}$$

$$= \boldsymbol{I} + \boldsymbol{N}$$

其中 $\boldsymbol{N}$ 是 n 阶幂零方阵,它的特征根全是零,所以 $\log(\boldsymbol{I}+\boldsymbol{N}) = \log \boldsymbol{M}$ 有意义,由直接计算可知

$$\begin{aligned} \log \boldsymbol{M} &= \log(\boldsymbol{I}+\boldsymbol{N}) \\ &= \boldsymbol{I} - \boldsymbol{N} + \frac{1}{2}\boldsymbol{N}^2 - \frac{1}{3}\boldsymbol{N}^3 + \cdots + \\ &\quad (-1)^{n-2}\frac{1}{n-1}\boldsymbol{N}^{n-1} \end{aligned}$$

即

$$\log \boldsymbol{M} = \begin{pmatrix} 0 & 1 & -\frac{1}{2} & \frac{1}{3} & -\frac{1}{4} & \cdots & (-1)^{n-2} & \frac{1}{n-1} \\ & 0 & 1 & -\frac{1}{2} & \frac{1}{3} & \cdots & (-1)^{n-3} & \frac{1}{n-2} \\ & & 0 & 1 & -\frac{1}{2} & \cdots & (-1)^{n-4} & \frac{1}{n-3} \\ & & & 0 & 1 & \ddots & & \\ & & & & \ddots & \ddots & \ddots & \vdots \\ & & & & & \ddots & \ddots & -\frac{1}{2} \\ & & & & & & \ddots & 1 \\ & & & & & & & 0 \end{pmatrix}$$

再由直接计算可知

$$\mathrm{e}^{\log \boldsymbol{M}} = \boldsymbol{M}$$

所以 $\boldsymbol{Y} = \log \boldsymbol{M}$ 就是所求的解. 定理证完.

这个定理也告诉我们，任一非异方阵都可以开任意次方. 即有

推论　对任一非异方阵 $\boldsymbol{A}$ 和任一非零整数 p，存在方阵 $\boldsymbol{B}$ 使得 $\boldsymbol{B}^p=\boldsymbol{A}$.

证明　今存在方阵 $\boldsymbol{C}$，使得 $\boldsymbol{A}=\mathrm{e}^{\boldsymbol{C}}$. 令 $\boldsymbol{B}=\mathrm{e}^{\frac{1}{p}\boldsymbol{C}}$. 显然 $\boldsymbol{B}^p=(\mathrm{e}^{\frac{1}{p}\boldsymbol{C}})^p=\mathrm{e}^{\boldsymbol{C}}=\boldsymbol{A}$. 推论证完.

这个推论只给出了存在性，实际上解并不唯一. 例如，若 $\boldsymbol{B}^p=\boldsymbol{A}$，则

$$(\mathrm{e}^{\frac{2k\pi\mathrm{i}}{p}}\boldsymbol{B})^p=\boldsymbol{A}\quad(k=0,1,2,\cdots,p-1)$$

所以方阵方程 $\boldsymbol{X}^p=\boldsymbol{A}$ 起码有 p 个解.

对奇异的方阵，一般是不可以开任意次方的. 例如，对方阵 $\boldsymbol{A}=\begin{pmatrix}0&1\\0&0\end{pmatrix}$，就不存在方阵 $\boldsymbol{X}$ 使得 $\boldsymbol{X}^2=\boldsymbol{A}$. 读者试自证之.

上面详细地考查了方阵多项式和方阵幂级数，它们都具有定理1的特性，即函数值和自变量在相似下的Jordan标准型有着密切的关系. 下面利用定理1的特性来定义一类方阵函数.

定义　方阵函数 $\boldsymbol{Y}=f(\boldsymbol{X})$ 称为纯函数，如要它适合下面性质：

(i) 对任一非异方阵 $\boldsymbol{P}$，有

$$f(\boldsymbol{PXP}^{-1})=\boldsymbol{P}f(\boldsymbol{X})\boldsymbol{P}^{-1}$$

(ii) 对任一准对角形 $\boldsymbol{X}=\mathrm{diag}(\boldsymbol{X}_1,\boldsymbol{X}_2,\cdots,\boldsymbol{X}_t)$，有

$$\begin{aligned}&f(\mathrm{diag}(\boldsymbol{X}_1,\boldsymbol{X}_2,\cdots,\boldsymbol{X}_t))\\&=\mathrm{diag}(f(\boldsymbol{X}_1),f(\boldsymbol{X}_2),\cdots,f(\boldsymbol{X}_t))\end{aligned}$$

(iii) 对任一 n 阶Jordan块

$$\boldsymbol{J}_0=\begin{pmatrix}\lambda_0 & 1 & & \\ & \lambda_0 & \ddots & \\ & & \ddots & 1 \\ & & & \lambda_0\end{pmatrix}$$

当复变量函数(即一阶复方阵为自变量时)$f(z)$ 在 $z=\lambda_0$ 有 $1,2,\cdots,n-1$ 阶连续导数时,方阵函数 $f(\boldsymbol{X})$ 在 $\boldsymbol{X}=\boldsymbol{J}_0$ 才有定义,这时函数值定义为

$$f(\boldsymbol{J}_0)=\begin{pmatrix}f(\lambda_0) & \frac{1}{1!}f'(\lambda_0) & \frac{1}{2!}f''(\lambda_0) & \cdots & \frac{1}{(n-1)!}f^{(n-1)}(\lambda_0) \\ & f(\lambda_0) & \frac{1}{1!}f'(\lambda_0) & \cdots & \frac{1}{(n-2)!}f^{(n-2)}(\lambda_0) \\ & & f(\lambda_0) & \cdots & \frac{1}{(n-3)!}f^{(n-3)}(\lambda_0) \\ & & & \ddots & \vdots \\ & & & & f(\lambda_0)\end{pmatrix}$$

由定义可知,方阵多项式和方阵幂级数都是纯函数. 纯函数也可以具体构造出来,这可以由下一定理看出.

定理 5 方阵函数 $f(\boldsymbol{X})$ 为纯函数的必要且充分条件是:如果非异方阵 $\boldsymbol{P}$ 将 $\boldsymbol{X}$ 化为 Jordan 标准型 $\boldsymbol{PXP}^{-1}=\mathrm{diag}(\boldsymbol{J}_1,\boldsymbol{J}_2,\cdots,\boldsymbol{J}_t)$,那么

$$f(\boldsymbol{X})=\boldsymbol{P}^{-1}\mathrm{diag}(f(\boldsymbol{J}_1),f(\boldsymbol{J}_2),\cdots,f(\boldsymbol{J}_t))\boldsymbol{P} \quad (1)$$

其中 $f(\boldsymbol{J}_1),f(\boldsymbol{J}_2),\cdots,f(\boldsymbol{J}_t)$ 由上面的纯函数定义中的(iii)给出.

证明 先证必要性. 假设 $f(\boldsymbol{X})$ 为纯函数,由定义

$$\begin{aligned}f(\boldsymbol{X})&=f(\boldsymbol{P}^{-1}\mathrm{diag}(\boldsymbol{J}_1,\boldsymbol{J}_2,\cdots,\boldsymbol{J}_t)\boldsymbol{P})\\&=\boldsymbol{P}^{-1}f(\mathrm{diag}(\boldsymbol{J}_1,\boldsymbol{J}_2,\cdots,\boldsymbol{J}_t))\boldsymbol{P}\end{aligned}$$

$$= \boldsymbol{P}^{-1}\mathrm{diag}(f(\boldsymbol{J}_1), f(\boldsymbol{J}_2), \cdots, f(\boldsymbol{J}_t))\boldsymbol{P}$$

所以必要性成立. 再证充分性,即证由式(1) 定义的函数是纯函数. 先来证明由式(1) 定义的函数是单值函数. 因为方阵 X 的 Jordan 标准型(若不计对角块的次序) 是唯一的,所以要证单值性,只要证当

$$\boldsymbol{X} = \boldsymbol{P}^{-1}\mathrm{diag}(\boldsymbol{J}_1, \boldsymbol{J}_2, \cdots, \boldsymbol{J}_t)\boldsymbol{P} = \boldsymbol{Q}^{-1}\mathrm{diag}(\boldsymbol{J}_1, \boldsymbol{J}_2, \cdots, \boldsymbol{J}_t)\boldsymbol{Q}$$

时,便有

$$f(\boldsymbol{X}) = \boldsymbol{P}^{-1}\mathrm{diag}(f(\boldsymbol{J}_1), f(\boldsymbol{J}_2), \cdots, f(\boldsymbol{J}_t))\boldsymbol{P} = \boldsymbol{Q}^{-1}\mathrm{diag}(f(\boldsymbol{J}_1), f(\boldsymbol{J}_2), \cdots, f(\boldsymbol{J}_t))\boldsymbol{Q}$$

事实上,方阵 $\boldsymbol{P}$ 和 $\boldsymbol{Q}$ 有关系

$$\boldsymbol{P}\boldsymbol{Q}^{-1}\mathrm{diag}(\boldsymbol{J}_1, \boldsymbol{J}_2, \cdots, \boldsymbol{J}_t) = \mathrm{diag}(\boldsymbol{J}_1, \boldsymbol{J}_2, \cdots, \boldsymbol{J}_t)\boldsymbol{P}\boldsymbol{Q}^{-1}$$

将方阵 $\boldsymbol{B} = \boldsymbol{P}\boldsymbol{Q}^{-1}$ 按照 Jordan 标准型 $\mathrm{diag}(\boldsymbol{J}_1, \boldsymbol{J}_2, \cdots, \boldsymbol{J}_t)$ 的分块方法分块

$$\boldsymbol{P}\boldsymbol{Q}^{-1} = \begin{pmatrix} \boldsymbol{B}_{11} & \cdots & \boldsymbol{B}_{1t} \\ \vdots & & \vdots \\ \boldsymbol{B}_{t1} & \cdots & \boldsymbol{B}_{tt} \end{pmatrix}$$

则 $\boldsymbol{B}_{jk}\boldsymbol{J}_k = \boldsymbol{J}_j\boldsymbol{B}_{jk}(j, k = 1, 2, \cdots, t)$. 所以,在 $\lambda_j \neq \lambda_k$ 时 $\boldsymbol{B}_{jk} = \boldsymbol{0}$, 因此 $\boldsymbol{B}_{jk}f(\boldsymbol{J}_k) = f(\boldsymbol{J}_j)\boldsymbol{B}_{jk}$; 在 $\lambda_j = \lambda_k$ 时 $f(\lambda_j) = f(\lambda_k)$,这时已知 $\boldsymbol{B}_{jk}\boldsymbol{J}_k = \boldsymbol{J}_j\boldsymbol{B}_{jk}$,由直接计算可知 $\boldsymbol{B}_{jk}f(\lambda_k) = f(\lambda_j)\boldsymbol{B}_{jk}$, 所以 $\boldsymbol{P}\boldsymbol{Q}^{-1}$ 和 $\mathrm{diag}(f(\boldsymbol{J}_1), f(\boldsymbol{J}_2), \cdots, f(\boldsymbol{J}_t))$ 可交换,即

$$\boldsymbol{P}^{-1}\mathrm{diag}(f(\boldsymbol{J}_1), f(\boldsymbol{J}_2), \cdots, f(\boldsymbol{J}_t))\boldsymbol{P} = \boldsymbol{Q}^{-1}\mathrm{diag}(f(\boldsymbol{J}_1), f(\boldsymbol{J}_2), \cdots, f(\boldsymbol{J}_t))\boldsymbol{Q}$$

这就证明了定义的单值性. 至于适不适合纯函数的定义,这只须直接利用定义来验证就能证明. 定理证完.

由这个定理可以看出,纯函数可以由一个具有相当多阶的连续可微的复变函数 $f(z)$ 造出来. 而且,当 $\boldsymbol{A}$

的特征根为$\lambda_1,\lambda_2,\cdots,\lambda_n$时,$f(\boldsymbol{A})$的特征根为$f(\lambda_1)$,$f(\lambda_2),\cdots,f(\lambda_n)$. 纯函数还有一个有趣的性质.

定理 6 设$f(x)$是纯函数,且在$\boldsymbol{X}=\boldsymbol{A}$时函数$f(\boldsymbol{A})$有意义,则$f(\boldsymbol{A})$是$\boldsymbol{A}$的多项式.

证明 令$f(\boldsymbol{A})=\boldsymbol{P}^{-1}\mathrm{diag}(f(\boldsymbol{J}_1),f(\boldsymbol{J}_2),\cdots,f(\boldsymbol{J}_t))\boldsymbol{P}$,所以要证明$f(\boldsymbol{A})$是$\boldsymbol{A}$的多项式,只要证明方阵$\mathrm{diag}(f(\boldsymbol{J}_1),f(\boldsymbol{J}_2),\cdots,f(\boldsymbol{J}_t))$是 Jordan 标准型$\mathrm{diag}(\boldsymbol{J}_1,\boldsymbol{J}_2,\cdots,\boldsymbol{J}_t)$的多项式就行了. 亦即要找一个数值多项式$p(x)$,使得

$$\begin{aligned}&\mathrm{diag}(f(\boldsymbol{J}_1),f(\boldsymbol{J}_2),\cdots,f(\boldsymbol{J}_t))\\=&p(\mathrm{diag}(\boldsymbol{J}_1,\boldsymbol{J}_2,\cdots,\boldsymbol{J}_t))\\=&\mathrm{diag}(p(\boldsymbol{J}_1),p(\boldsymbol{J}_2),\cdots,p(\boldsymbol{J}_t))\end{aligned}$$

故

$$\begin{pmatrix}f(\lambda_j) & \frac{1}{1!}f'(\lambda_j) & \cdots & \frac{1}{(e_j-1)!}f^{(e_j-1)}(\lambda_j)\\ & f(\lambda_j) & \cdots & \frac{1}{(e_j-2)!}f^{(e_j-2)}(\lambda_j)\\ & & \ddots & \vdots\\ & & & f(\lambda_j)\end{pmatrix}$$

$$=\begin{pmatrix}p(\lambda_j) & \frac{1}{1!}p'(\lambda_j) & \cdots & \frac{1}{(e_j-1)!}p^{(e_j-1)}(\lambda_j)\\ & p(\lambda_j) & \cdots & \frac{1}{(e_j-2)!}p^{(e_j-2)}(\lambda_j)\\ & & \ddots & \vdots\\ & & & p(\lambda_j)\end{pmatrix}$$

对一切$j=1,2,\cdots,t$成立,所以问题化为证明下面的引理.

引理 对s个不同的复数$\alpha_1,\alpha_2,\cdots,\alpha_s$,存在一个

多项式 $p(\lambda)$,使得

$$p^{(k)}(\alpha_j)=\alpha_{jk} \quad (j=1,2,\cdots,s;k=0,1,\cdots,m-1)$$

其中 sm 个复数 α_{jk} 是已知数值.

证明　令

$$\varphi_j(\lambda)=\mu_{j0}+\frac{\mu_{j1}}{1!}(\lambda-\alpha_j)+\cdots+\frac{\mu_{j,m-1}}{(m-1)!}(\lambda-\alpha_j)^{m-1}$$

$$\Phi_j(\lambda)=[(\lambda-\alpha_1)\cdots(\lambda-\alpha_{j-1})(\lambda-\alpha_{j+1})\cdots(\lambda-\alpha_s)]^m$$

则多项式 $p_j(\lambda)=\Phi_j(\lambda)\varphi_j(\lambda)$ 具有性质

$$p_j^{(k)}(\alpha_l)=0 \quad (l=1,2,\cdots,j-1,j+1,\cdots,s;\ k=0,1,2,\cdots,m-1)$$

令

$$\begin{aligned}&p_j^{(k)}(\alpha_j)\\&=(\varphi_j(\lambda)\Phi_j(\lambda))^{(k)}|_{\lambda=\alpha_j}\\&=\varphi_j^{(k)}(\alpha_j)\Phi_j(\alpha_j)+C_1^k\varphi_j^{(k-1)}(\alpha_j)\Phi'_j(\alpha_j)+\cdots+\\&\quad C_k^k\varphi_j(\alpha_j)\Phi_j^{(k)}(\alpha_j)\\&=\mu_{jk}\Phi_j(\alpha_j)+C_1^k\mu_{j,k-1}\Phi'_j(\alpha_j)+\cdots+C_k^k\mu_{j0}\Phi_j^{(k)}(\alpha_j)\end{aligned}$$

所以,如果 $p_j^{(k)}(\alpha_j)=\alpha_{jk}$,那么由 $\Phi_j(\alpha_j)\neq 0$ 可知

$$\mu_{jk}=\frac{1}{\Phi_j(\alpha_j)}[\alpha_{jk}-C_1^k\mu_{j,k-1}\Phi'_j(\alpha_j)-\cdots-C_k^k\mu_{j0}\Phi_j^{(k)}(\alpha_j)]$$
$$(k=1,2,\cdots,m-1)$$

而

$$\mu_{j0}=\frac{1}{\Phi_j(\alpha_j)}\alpha_{j0}$$

所以利用上一递推公式,便可以依次地算出 μ_{j1},μ_{j2},$\cdots$,$\mu_{j,m-1}$,这就证明了适合上述条件的多项式 $p_j(\lambda)$ 存在.而

$$p(\lambda)=p_1(\lambda)+p_2(\lambda)+\cdots+p_s(\lambda)$$

即适合引理要求,故引理证完.

最后，利用定理 6，可以证明

定理 7 对任一非异方阵 $\boldsymbol{A}$，存在一个多项式 $p(\lambda)$ 使得

$$p(\boldsymbol{A})p(\boldsymbol{A}) = \boldsymbol{A}$$

证明 作数值函数 $f(\lambda) = \sqrt{\lambda}$. 所以，对任一 Jordan 块 $\boldsymbol{J}_0 = \lambda_0 \boldsymbol{I}^{(e)} + \boldsymbol{N}^{(e)}, \lambda_0 \neq 0$，则

$$f(\boldsymbol{J}_0) = f(\lambda_0)\boldsymbol{I}^{(e)} + \frac{1}{1!}f'(\lambda_0)\boldsymbol{N}^{(e)} + \frac{1}{2!}f''(\lambda_0)\boldsymbol{N}^2 + \cdots + \frac{1}{(e-1)!}f^{(e-1)}(\lambda_0)\boldsymbol{N}^{e-1}$$

由直接计算可知

$$f(\boldsymbol{J}_0)f(\boldsymbol{J}_0) = \boldsymbol{J}$$

所以对任一非异方阵 $\boldsymbol{X}$，由于它没有零特征根，可以利用数值函数 $f(\lambda) = \sqrt{\lambda}$ 来构作一个纯函数 $f(\boldsymbol{X})$. 取 $\boldsymbol{X} = \boldsymbol{A}$，则由定理 6 可知，存在方阵多项式 $p(\boldsymbol{A})$，使得 $p(\boldsymbol{A}) = f(\boldsymbol{A})$. 设 $\boldsymbol{A} = \boldsymbol{P}^{-1}\mathrm{diag}(\boldsymbol{J}_1, \boldsymbol{J}_2, \cdots, \boldsymbol{J}_t)\boldsymbol{P}$，其中 $\mathrm{diag}(\boldsymbol{J}_1, \boldsymbol{J}_2, \cdots, \boldsymbol{J}_t)$ 为 $\boldsymbol{A}$ 的 Jordan 标准型，则

$$\begin{aligned} p(\boldsymbol{A})^2 = f(\boldsymbol{A})^2 &= [\boldsymbol{P}^{-1}\mathrm{diag}(f(\boldsymbol{J}_1), f(\boldsymbol{J}_2), \cdots, f(\boldsymbol{J}_t))\boldsymbol{P}]^2 \\ &= \boldsymbol{P}^{-1}\mathrm{diag}(f(\boldsymbol{J}_1)^2, f(\boldsymbol{J}_2)^2, \cdots, f(\boldsymbol{J}_t)^2)\boldsymbol{P} \\ &= \boldsymbol{P}^{-1}\mathrm{diag}(\boldsymbol{J}_1, \boldsymbol{J}_2, \cdots, \boldsymbol{J}_t)\boldsymbol{P} = \boldsymbol{A} \end{aligned}$$

这就证明了定理.

注意：这个定理实际上也告诉了我们如何去构作多项式 $p(\lambda)$，虽然计算起来并不太容易. 另外，它还有下面一些重要应用（这些也作为运用矩阵技巧的范例）：

例 1 设复对称方阵 $\boldsymbol{A}$ 和 $\boldsymbol{B}$ 相似，则必复正交相似，即存在复正交方阵 $\boldsymbol{O}$，使得

$$\boldsymbol{O}\boldsymbol{A}\boldsymbol{O}^{-1} = \boldsymbol{B}$$

证明 今存在非异复方阵 $\boldsymbol{P}$,使得 $\boldsymbol{PAP}^{-1}=\boldsymbol{B}$. 由 $\boldsymbol{PAP}^{-1}=(\boldsymbol{PAP}^{-1})'=\boldsymbol{P}'^{-1}\boldsymbol{AP}'$, 可知 $(\boldsymbol{P}'\boldsymbol{P})\boldsymbol{A}=\boldsymbol{A}(\boldsymbol{P}'\boldsymbol{P})$. 由定理 7 可知, 存在 $\boldsymbol{P}'\boldsymbol{P}$ 的多项式 $\boldsymbol{S}=p(\boldsymbol{P}'\boldsymbol{P})$,使得 $\boldsymbol{P}'\boldsymbol{P}=\boldsymbol{S}^2$. 自然,$\boldsymbol{S}$ 是复对称方阵, 且 $\boldsymbol{SA}=\boldsymbol{AS}$. 另一方面, 由 $(\boldsymbol{PS}^{-1})'(\boldsymbol{PS}^{-1})=\boldsymbol{S}^{-1}(\boldsymbol{P}'\boldsymbol{P})\boldsymbol{S}^{-1}=\boldsymbol{I}$,可知 $\boldsymbol{O}=\boldsymbol{PS}^{-1}$ 是复正交方阵,所以 $\boldsymbol{P}=\boldsymbol{OS}$,而

$$\boldsymbol{B}=\boldsymbol{PAP}^{-1}=\boldsymbol{OSAS}^{-1}\boldsymbol{O}^{-1}=\boldsymbol{OAO}^{-1}$$

这就证明了例 1.

从例 1 的证明还告诉我们一种新形式的极分解式,即,任一非异复方阵 $\boldsymbol{A}$ 必可分解为

$$\boldsymbol{A}=\boldsymbol{OS}=\widetilde{\boldsymbol{S}}\boldsymbol{O}$$

其中 $\boldsymbol{O}$ 是复正交方阵,$\boldsymbol{S},\widetilde{\boldsymbol{S}}$ 是复对称方阵. 其实这一性质对 $\boldsymbol{A}$ 是奇异复方阵时也成立,这只要证明:存在复正交方阵 $\boldsymbol{O}_1$ 及 $\boldsymbol{O}_2$,使得 $\boldsymbol{O}_1\boldsymbol{AO}_2=\begin{pmatrix}\boldsymbol{A}_1^{(r)} & \boldsymbol{0}\\ \boldsymbol{0} & \boldsymbol{0}^{(n-r)}\end{pmatrix}$(其中 $\det\boldsymbol{A}_1\neq 0$)就行了. 因为,再对 $\boldsymbol{A}_1$ 利用已知的结果,便可证之.

例 1 有下面一个有趣的应用,它在理论物理中有应用.

例 2 对任一定正 Hermite 方阵 $\boldsymbol{H}$,存在复正交方阵 $\boldsymbol{O}$,使得

$$\boldsymbol{OH}\overline{\boldsymbol{O}}'=\mathrm{diag}(\lambda_1,\lambda_2,\cdots,\lambda_n)$$

其中 $\lambda_1,\cdots,\lambda_n$ 都是正实数,且 $\lambda_1^2,\lambda_2^2,\cdots,\lambda_n^2$ 是 $\boldsymbol{H}\overline{\boldsymbol{H}}$ 的特征根. 所以 $\boldsymbol{H}\overline{\boldsymbol{H}}$ 的特征根构成正定 Hermite 方阵在复正交的复相合下的全系不变量.

证明　今由 $\boldsymbol{H}>0$ 立即可以推出 $\overline{\boldsymbol{H}}^{-1}>0$. 我们断言:存在非异复方阵 $\boldsymbol{P}$,使得

$$\boldsymbol{H}=\boldsymbol{P}\boldsymbol{\Lambda}\overline{\boldsymbol{P}}',\overline{\boldsymbol{H}}^{-1}=\boldsymbol{P}\overline{\boldsymbol{P}}'$$

其中

$$\boldsymbol{\Lambda}=\begin{pmatrix}\rho_1\boldsymbol{I}^{(s_1)} & & \\ & \ddots & \\ & & \rho_t\boldsymbol{I}^{(s_t)}\end{pmatrix}$$

又 $\rho_1,\cdots,\rho_t$ 是 t 个不同的正实数. 事实上,由 $\overline{\boldsymbol{H}}^{-1}>0$ 可知,存在非异复方阵 $\boldsymbol{Q}$,使得 $\boldsymbol{Q}(\overline{\boldsymbol{H}}^{-1})\overline{\boldsymbol{Q}}'=\boldsymbol{I}^{(n)}$. 记 $\boldsymbol{H}_1=\boldsymbol{Q}\boldsymbol{H}\overline{\boldsymbol{Q}}'$,自然 $\boldsymbol{H}_1>0$,所以存在酉方阵 $\boldsymbol{U}$,使得 $\boldsymbol{U}\boldsymbol{H}_1\overline{\boldsymbol{U}}'=\boldsymbol{\Lambda}$,其中 $\boldsymbol{\Lambda}$ 为对角实方阵. 因此取 $\boldsymbol{P}=\boldsymbol{Q}^{-1}\boldsymbol{U}^{-1}$,便证明了断言. 这时

$$\boldsymbol{H}\overline{\boldsymbol{H}}=(\boldsymbol{P}\boldsymbol{\Lambda}\overline{\boldsymbol{P}}')(\boldsymbol{P}\overline{\boldsymbol{P}}')^{-1}=\boldsymbol{P}\boldsymbol{\Lambda}\boldsymbol{P}^{-1}$$

由例 1 可知,存在复正交方阵 $\boldsymbol{O}_0$,使得

$$\boldsymbol{H}\overline{\boldsymbol{H}}=\boldsymbol{O}_0\boldsymbol{\Lambda}\boldsymbol{O}_0^{-1}$$

记

$$\boldsymbol{H}_1=\boldsymbol{O}'_0\boldsymbol{H}\overline{\boldsymbol{O}}_0$$

则 $\boldsymbol{H}_1\overline{\boldsymbol{H}}_1=\boldsymbol{\Lambda}$. 于是 $\overline{\boldsymbol{H}}_1=\boldsymbol{H}_1^{-1}\boldsymbol{\Lambda}$ 是 Hermite 方阵,即有 $\boldsymbol{H}_1^{-1}\boldsymbol{\Lambda}=\boldsymbol{\Lambda}\boldsymbol{H}_1^{-1}$,所以 $\boldsymbol{\Lambda}\boldsymbol{H}_1=\boldsymbol{H}_1\boldsymbol{\Lambda}$,因此

$$\boldsymbol{H}_1=\begin{pmatrix}\boldsymbol{G}_1^{(s_1)} & & \\ & \ddots & \\ & & \boldsymbol{G}_t^{(s_t)}\end{pmatrix}$$

从而

$$\begin{pmatrix}\rho_1 \boldsymbol{I} & & \\ & \ddots & \\ & & \rho_t \boldsymbol{I}\end{pmatrix} = \boldsymbol{\Lambda} = \boldsymbol{H}_1 \overline{\boldsymbol{H}}_1 = \begin{pmatrix}\boldsymbol{G}_1 \overline{\boldsymbol{G}}_1 & & \\ & \ddots & \\ & & \boldsymbol{G}_t \overline{\boldsymbol{G}}_t\end{pmatrix}$$

因此 $\boldsymbol{G}_j \overline{\boldsymbol{G}}_j = \rho_j \boldsymbol{I}(j = 1,2,\cdots,t)$. 所以记

$$\boldsymbol{O}_j = \frac{1}{\sqrt{\rho_j}} \boldsymbol{G}_j \quad (j = 1,2,\cdots,t)$$

则 $\boldsymbol{O}_j$ 是复正交方阵,且是正定 Hermite 方阵. 于是将 $\boldsymbol{O}_j$ 分成实部及虚部

$$\boldsymbol{O}_j = \boldsymbol{S}_j + \mathrm{i}\boldsymbol{K}_j, \quad \boldsymbol{S}_j = \boldsymbol{S}'_j, \quad \boldsymbol{K}_j = -\boldsymbol{K}'_j$$

今由 $\boldsymbol{O}_j > 0$ 可知 $\boldsymbol{S}_j > 0$,故存在实正交方阵 $\boldsymbol{P}_j$,使得 $\boldsymbol{P}_j \boldsymbol{S}_j \boldsymbol{P}'_j$ 是对角方阵. 将这个对角方阵的对角元素按相同的排在一起,由 $\boldsymbol{O}_j \boldsymbol{O}'_j = \boldsymbol{I}$ 可知

$$\boldsymbol{K}_j^2 = \boldsymbol{I} - \boldsymbol{S}_j^2, \quad \boldsymbol{S}_j \boldsymbol{K}_j = \boldsymbol{K}_j \boldsymbol{S}_j$$

所以无妨设存在实正交方阵 $\boldsymbol{P}_j$,使得

$$\boldsymbol{P}_j \boldsymbol{S}_j \boldsymbol{P}'_j = \mathrm{diag}\left(\begin{pmatrix}\mathrm{ch}\ \theta_{1j} & 0 \\ 0 & \mathrm{ch}\ \theta_{1j}\end{pmatrix}, \cdots, \begin{pmatrix}\mathrm{ch}\ \theta_{lj} & 0 \\ 0 & \mathrm{ch}\ \theta_{lj}\end{pmatrix}, 1, \cdots, 1\right)$$

$$\boldsymbol{P}_j \boldsymbol{K}_j \boldsymbol{P}'_j = \mathrm{diag}\left(\begin{pmatrix}0 & \mathrm{sh}\ \theta_{1j} \\ -\mathrm{sh}\ \theta_{1j} & 0\end{pmatrix}, \cdots, \begin{pmatrix}0 & \mathrm{sh}\ \theta_{lj} \\ -\mathrm{sh}\ \theta_{lj} & 0\end{pmatrix}, 0, \cdots, 0\right)$$

所以

$$\boldsymbol{P}_j \boldsymbol{O}_j \boldsymbol{P}'_j = \mathrm{diag}\left(\begin{pmatrix}\mathrm{ch}\ \theta_{1j} & \mathrm{ish}\ \theta_{1j} \\ -\mathrm{ish}\ \theta_{1j} & \mathrm{ch}\ \theta_{1j}\end{pmatrix}, \cdots,\right.$$

$$\begin{pmatrix} \text{ch}\ \theta_{lj} & \text{ish}\ \theta_{lj} \\ -\ \text{ish}\ \theta_{lj} & \text{ch}\ \theta_{lj} \end{pmatrix},1,\cdots,1\Big)$$

今由直接计算可知

$$\begin{pmatrix} \text{ch}\ \theta & \text{ish}\ \theta \\ -\ \text{ish}\ \theta & \text{ch}\ \theta \end{pmatrix}^2 = \begin{pmatrix} \text{ch}\ 2\theta & \text{ish}\ 2\theta \\ -\ \text{ish}\ 2\theta & \text{ch}\ 2\theta \end{pmatrix}$$

所以记

$$\widetilde{\boldsymbol{O}}_j = \boldsymbol{P}'_j\text{diag}\left(\begin{pmatrix} \text{ch}\ \frac{1}{2}\theta_{1j} & \text{ish}\ \frac{1}{2}\theta_{1j} \\ -\ \text{ish}\ \frac{1}{2}\theta_{1j} & \text{ch}\ \frac{1}{2}\theta_{1j} \end{pmatrix},\cdots,\right.$$

$$\left.\begin{pmatrix} \text{ch}\ \frac{1}{2}\theta_{lj} & \text{ish}\ \frac{1}{2}\theta_{lj} \\ -\ \text{ish}\ \frac{1}{2}\theta_{lj} & \text{ch}\ \frac{1}{2}\theta_{lj} \end{pmatrix},1,\cdots,1\right)\boldsymbol{P}_j$$

则 $\widetilde{\boldsymbol{O}}_j$ 是复正交方阵，且是正定 Hermite 方阵，而且 $(\boldsymbol{P}_j\widetilde{\boldsymbol{Q}}_j\boldsymbol{P}'_j)^2 = \boldsymbol{P}_j\boldsymbol{O}_j\boldsymbol{P}'_j$，即有

$$\widetilde{\boldsymbol{O}}'_j\boldsymbol{O}_j\widetilde{\boldsymbol{O}}'_j = \boldsymbol{I}^{(s_j)} \quad (j = 1,2,\cdots,t)$$

我们取

$$\boldsymbol{O} = \begin{pmatrix} \widetilde{\boldsymbol{O}}_1 & & \\ & \ddots & \\ & & \widetilde{\boldsymbol{O}}_t \end{pmatrix}'\boldsymbol{O}'_0$$

则

$$\boldsymbol{O}\boldsymbol{H}\overline{\boldsymbol{O}}' = \begin{pmatrix} \widetilde{\boldsymbol{O}}'_1 & & \\ & \ddots & \\ & & \widetilde{\boldsymbol{O}}'_t \end{pmatrix}\boldsymbol{O}'_0\boldsymbol{H}\overline{\boldsymbol{O}}_0\begin{pmatrix} \widetilde{\boldsymbol{O}}'_1 & & \\ & \ddots & \\ & & \widetilde{\boldsymbol{O}}'_t \end{pmatrix}$$

$$= \begin{pmatrix} \widetilde{\boldsymbol{O}}'_1 \boldsymbol{G}_1 \widetilde{\boldsymbol{Q}}'_1 & & \\ & \ddots & \\ & & \widetilde{\boldsymbol{O}}'_t \boldsymbol{G}_t \widetilde{\boldsymbol{O}}'_t \end{pmatrix}$$

$$= \begin{pmatrix} \sqrt{\rho_1}\, \widetilde{\boldsymbol{O}}'_1 \boldsymbol{O}_1 \widetilde{\boldsymbol{O}}'_1 & & \\ & \ddots & \\ & & \sqrt{\rho_t}\, \widetilde{\boldsymbol{O}}'_t \boldsymbol{O}_t \widetilde{\boldsymbol{O}}'_t \end{pmatrix}$$

$$= \begin{pmatrix} \sqrt{\rho_1}\, \boldsymbol{I}^{(s_1)} & & \\ & \ddots & \\ & & \sqrt{\rho_t}\, \boldsymbol{I}^{(s_t)} \end{pmatrix}$$

而

$$\boldsymbol{H}\overline{\boldsymbol{H}} = \boldsymbol{O}' \begin{pmatrix} \rho_1 \boldsymbol{I}^{(s_1)} & & \\ & \ddots & \\ & & \rho_t \boldsymbol{I}^{(s_t)} \end{pmatrix} \boldsymbol{O}$$

所以 H 复正交复相合于对角形，对角元素之平方为 $\boldsymbol{H}\overline{\boldsymbol{H}}$ 的特征根，例 2 证完.

可以指出，在 $\boldsymbol{H}$ 是半正定 Hermite 方阵时，不一定存在复正交方阵，使得 $\boldsymbol{H}$ 复正交地复相合于对角形. 例如

$$\boldsymbol{H} = \begin{pmatrix} 1 & -\mathrm{i} \\ \mathrm{i} & 1 \end{pmatrix}$$

便是. 弄清楚哪些行，哪些不行，是一个很好的习题，读者可以考虑考虑.

关于一道线性代数试题的思考

附录 I

电子科技大学数学科学学院的李厚彪等四位教授2017年从一道线性代数试题出发,对其剖析,并深入探讨了矩阵零化多项式与所对应矩阵之间的内在联系,推广了已知的相关结果. 最后,探讨了一般情形下求解此类问题的方法及相关结论.

1　引言

试题　设三阶方阵 $\boldsymbol{A}$ 的特征值 $-1,1$ 对应的特征向量分别为 $\boldsymbol{\alpha}_1,\boldsymbol{\alpha}_2$,向量 $\boldsymbol{\alpha}_3$ 满足 $\boldsymbol{A}\boldsymbol{\alpha}_3=\boldsymbol{\alpha}_2+\boldsymbol{\alpha}_3$. (1) 证明:$\boldsymbol{\alpha}_1,\boldsymbol{\alpha}_2,\boldsymbol{\alpha}_3$ 线性无关;(2) 设 $\boldsymbol{P}=[\boldsymbol{\alpha}_1,\boldsymbol{\alpha}_2,\boldsymbol{\alpha}_3]$,求 $\boldsymbol{P}^{-1}\boldsymbol{A}\boldsymbol{P}$.

对于第一问,很多同学可用反正法或根据线性无关的定义,给出相关证明;但对于第二问,很多同学给出了如下解答:

解 因 $A\boldsymbol{\alpha}_3=\boldsymbol{\alpha}_2+\boldsymbol{\alpha}_3$,易知

$$\boldsymbol{\alpha}_2=A\boldsymbol{\alpha}_3-\boldsymbol{\alpha}_3=(A-I)\boldsymbol{\alpha}_3$$

由于 $\boldsymbol{\alpha}_2$ 所对应的特征值是1,从而

$$(A-I)\boldsymbol{\alpha}_3=1\boldsymbol{\alpha}_2=A\boldsymbol{\alpha}_2=A(A\boldsymbol{\alpha}_3-\boldsymbol{\alpha}_3)$$

即$(A^2-2A)\boldsymbol{\alpha}_3=-\boldsymbol{\alpha}_3$,因此 $\boldsymbol{\alpha}_3$ 为 A^2-2A 的特征向量,亦为矩阵 A 的特征向量. 令 $A\boldsymbol{\alpha}_3=\lambda\boldsymbol{\alpha}_3$,将其带入$(A^2-2A)\boldsymbol{\alpha}_3=-\boldsymbol{\alpha}_3$ 得 $\lambda^2-2\lambda=-1$,从而 $\lambda=1$ 为矩阵 A 的二重特征值.

由上可知 $\boldsymbol{\alpha}_1,\boldsymbol{\alpha}_2,\boldsymbol{\alpha}_3$ 皆为 A 的特征向量,且对应的特征值分别为 $-1,1,1$. 又由(1)可知 $\boldsymbol{\alpha}_1,\boldsymbol{\alpha}_2,\boldsymbol{\alpha}_3$ 线性无关,从而 $P^{-1}AP=\mathrm{diag}(-1,1,1)$. 证毕.

显然上述解答是错误的,下面我们首先剖析一下其错误的原因,并对其进一步推广.

2 问题分析

首先,可能大多数学生比较熟悉的是下列结果:

引理1 设 n 阶矩阵 A 满足

$$A\boldsymbol{\alpha}=\lambda_i\boldsymbol{\alpha}(\boldsymbol{\alpha}\neq\mathbf{0})$$

即特征值为 $\lambda_i(i=1,2,\cdots,n)$,对应的特征向量为 $\boldsymbol{\alpha}$,则矩阵多项式

$$f(A)=a_nA^n+\cdots+a_1A+a_0I$$

的特征值为 $f(\lambda_i)(i=1,2,\cdots,n)$,且 $\boldsymbol{\alpha}$ 亦为 $f(A)$ 的特征向量.

关于这个引理的证明,很多教科书上都有:由 $A\boldsymbol{\alpha}=\lambda_i\boldsymbol{\alpha}(\boldsymbol{\alpha}\neq\mathbf{0})$,显然

$$\begin{aligned}f(A)\boldsymbol{\alpha}&=a_nA^n\boldsymbol{\alpha}+\cdots+a_1A\boldsymbol{\alpha}+a_0I\boldsymbol{\alpha}\\&=a_n\lambda_i^n\boldsymbol{\alpha}+\cdots+a_1\lambda_i\boldsymbol{\alpha}+a_0\boldsymbol{\alpha}\\&=(a_n\lambda_i^n+\cdots+a_1\lambda_i+a_0)\boldsymbol{\alpha}\\&=f(\lambda_i)\boldsymbol{\alpha}\end{aligned}$$

这表明$f(\lambda_i)$是$f(\boldsymbol{A})$的特征值，$\boldsymbol{\alpha}$是$f(\boldsymbol{A})$的特征向量. 下面让我们通过几个例子，理解一下该命题：

例 1 实对称矩阵 $\boldsymbol{A}$ 满足 $\boldsymbol{A}^3+\boldsymbol{A}^2+\boldsymbol{A}=3\boldsymbol{I}$，则 $\boldsymbol{A}=$ ________.

解 设矩阵$\boldsymbol{A}$的特征值为λ，则有$\lambda^3+\lambda^2+\lambda=3$，即$(\lambda-1)(\lambda^2+2\lambda+3)=0$. 由于实对称矩阵的特征值是实数，故$\lambda^2+2\lambda+3=(\lambda+1)^2+2>0$，由此可得$\boldsymbol{A}$只有唯一的三重特征值 1，因此存在可逆矩阵$\boldsymbol{P}$，使得$\boldsymbol{P}^{-1}\boldsymbol{AP}=\boldsymbol{I}$，即$\boldsymbol{A}=\boldsymbol{PP}^{-1}=\boldsymbol{I}$.

因此，由上面的引理 1，对于矩阵的零化多项式$f(\boldsymbol{A})=\boldsymbol{0}$来说，矩阵$\boldsymbol{A}$的特征值一定是方程$f(\lambda)$的根，$\boldsymbol{A}$的特征向量一定是$f(\boldsymbol{A})$的特征向量. 但很多同学往往忽略了，上述逆命题是不一定成立的. 例如：

例 2 设$\boldsymbol{A}=\boldsymbol{I}$，显然$f(\boldsymbol{A})=\boldsymbol{A}^2-\boldsymbol{A}=\boldsymbol{0}$，而$\lambda=0$是方程$f(\lambda)=\lambda^2-\lambda=0$的根，但不是$\boldsymbol{A}$的特征值.

例 3 $\boldsymbol{A}=\begin{pmatrix}0&1\\1&0\end{pmatrix}$，$f(\boldsymbol{A})=\boldsymbol{A}^2=\begin{pmatrix}1&0\\0&1\end{pmatrix}$.

显然任意二维非零向量皆是$f(\boldsymbol{A})$的特征向量，但却不一定是$\boldsymbol{A}$的特征向量，如

$$\boldsymbol{A}\begin{pmatrix}2\\3\end{pmatrix}=\begin{pmatrix}0&1\\1&0\end{pmatrix}\begin{pmatrix}2\\3\end{pmatrix}=\begin{pmatrix}3\\2\end{pmatrix}\neq k\begin{pmatrix}2\\3\end{pmatrix}$$

但为何出现$\boldsymbol{A}$满足矩阵方程$f(\boldsymbol{A})=\boldsymbol{0}$，而$f(\lambda)=0$的根又不是$\boldsymbol{A}$的特征值的情况呢？让我们看下列两种情形：

(1) 若$\boldsymbol{A}$满足矩阵方程$g(\boldsymbol{A})=\boldsymbol{0}$，则对$\boldsymbol{A}$的任意多面式$h(\boldsymbol{A})$，均有$g(\boldsymbol{A})h(\boldsymbol{A})=\boldsymbol{0}$；

(2) 由于两个非零矩阵的乘积也有可能为零矩阵，即$g(\boldsymbol{A})\neq\boldsymbol{0}$，$h(\boldsymbol{A})\neq\boldsymbol{0}$，但$g(\boldsymbol{A})h(\boldsymbol{A})=\boldsymbol{0}$.

因此,我们不能仅凭方程 $f(\lambda)=0$ 来确定 $\boldsymbol{A}$ 的特征值,除非 $f(\lambda)$ 就是 $\boldsymbol{A}$ 的特征多面式.

对前面的问题,事实上,我们很容易证明,$\boldsymbol{\alpha}_3$ 并不是矩阵 $\boldsymbol{A}$ 的特征向量,即前面的解答是错误的. 因假若 $\boldsymbol{A\alpha}_3=\lambda\boldsymbol{\alpha}_3$,则由 $(\boldsymbol{A}^2-2\boldsymbol{A})\boldsymbol{\alpha}_3=-\boldsymbol{\alpha}_3$ 得 $\lambda=1$(二重特征值),即 $\boldsymbol{A\alpha}_3=\boldsymbol{\alpha}_3$,这显然与已知条件 $\boldsymbol{A\alpha}_3=\boldsymbol{\alpha}_2+\boldsymbol{\alpha}_3$ $(\boldsymbol{\alpha}_2\neq\boldsymbol{0})$ 矛盾.

一般说来,我们也很容易证明,矩阵多项式 $f(\boldsymbol{A})=\boldsymbol{0}$ 的特征值和特征向量与矩阵 $\boldsymbol{A}$ 有如下关系:

定理 1　若 $\boldsymbol{A}$ 的特征值 λ_0 是 $f(\lambda)=a_n\lambda^n+\cdots+a_1\lambda+a_0$ 的一个根,设 $f(\lambda)=(\lambda-\lambda_0)q(\lambda)$,则对任意满足 $f(\boldsymbol{A})\boldsymbol{u}=\boldsymbol{0}$ 的非零向量 $\boldsymbol{u}$,若 $q(\boldsymbol{A})\boldsymbol{u}\neq\boldsymbol{0}$,则 $q(\boldsymbol{A})\boldsymbol{u}$ 是 $\boldsymbol{A}$ 的属于特征值 λ_0 的一个特征向量.

下面给出该问题的一种正确解法

$$
\begin{aligned}
\boldsymbol{P}^{-1}\boldsymbol{AP}&=[\boldsymbol{\alpha}_1,\boldsymbol{\alpha}_2,\boldsymbol{\alpha}_3]^{-1}\boldsymbol{A}[\boldsymbol{\alpha}_1,\boldsymbol{\alpha}_2,\boldsymbol{\alpha}_3]\\
&=[\boldsymbol{\alpha}_1,\boldsymbol{\alpha}_2,\boldsymbol{\alpha}_3]^{-1}[\boldsymbol{A\alpha}_1,\boldsymbol{A\alpha}_2,\boldsymbol{A\alpha}_3]\\
&=[\boldsymbol{\alpha}_1,\boldsymbol{\alpha}_2,\boldsymbol{\alpha}_3]^{-1}[-\boldsymbol{\alpha}_1,\boldsymbol{\alpha}_2,\boldsymbol{\alpha}_2+\boldsymbol{\alpha}_3]\\
&=[\boldsymbol{\alpha}_1,\boldsymbol{\alpha}_2,\boldsymbol{\alpha}_3]^{-1}[\boldsymbol{\alpha}_1,\boldsymbol{\alpha}_2,\boldsymbol{\alpha}_3]\begin{bmatrix}-1&0&0\\0&1&1\\0&0&1\end{bmatrix}\\
&=\begin{bmatrix}-1&0&0\\0&1&1\\0&0&1\end{bmatrix}
\end{aligned}
$$

3　关于该问题的进一步讨论

对于该问题,若对学过矩阵的 Jordan 标准型的同学来说,可能是一个容易的问题. 但对于 Jordan 标准型的引入和证明,国内目前有很多不同的版本,与此题关

系比较密切的几个,可能平时并不引人注意,特简述如下,有兴趣的同学,可去进一步查找资料:

定义 1 设 $\boldsymbol{A}$ 是 n 阶矩阵,若存在一个数 λ,以及非零的 n 维列向量 $\boldsymbol{\alpha}$,使得

$$(\boldsymbol{A}-\lambda\boldsymbol{I})^{k-1}\boldsymbol{\alpha}\neq\boldsymbol{0},(\boldsymbol{A}-\lambda\boldsymbol{I})^{k}\boldsymbol{\alpha}=\boldsymbol{0}$$

则称 $\boldsymbol{\alpha}$ 为矩阵 $\boldsymbol{A}$ 的属于特征值 λ 的 k 次广义特征向量. 特别地,当 $k=1$ 时,则 $\boldsymbol{\alpha}$ 即为通常的特征向量.

定理 2(若尔当基定理) 设 $\boldsymbol{\alpha}_k$ 为矩阵 $\boldsymbol{A}$ 的属于特征值 λ 的 k 次广义特征向量,定义

$$\boldsymbol{\alpha}_i=(\boldsymbol{A}-\lambda\boldsymbol{I})\boldsymbol{\alpha}_{i+1}(i=k-1,k-2,\cdots,1)$$

则称线性无关的向量列 $\boldsymbol{T}_\lambda=\{\boldsymbol{\alpha}_k,\boldsymbol{\alpha}_{k-1},\cdots,\boldsymbol{\alpha}_1\}$ 为 $\boldsymbol{\alpha}_k$ 生成的若尔当链,且不同的特征值所对应的若尔当链线性无关,其并集 $\boldsymbol{T}=(\boldsymbol{T}_{\lambda_1},\boldsymbol{T}_{\lambda_2},\cdots,\boldsymbol{T}_{\lambda_s})$ 形成矩阵 $\boldsymbol{A}$ 的若尔当基,并且满足

$$\boldsymbol{T}^{-1}\boldsymbol{A}\boldsymbol{T}=\begin{bmatrix}\boldsymbol{J}_1 & & & \\ & \boldsymbol{J}_2 & & \\ & & \ddots & \\ & & & \boldsymbol{J}_s\end{bmatrix}$$

其中 $\boldsymbol{J}_i$ 是每个若尔当链所对应的若尔当形矩阵.

由上面的这些基本知识, 对前面的问题, 既然 $(\boldsymbol{A}-\boldsymbol{I})\boldsymbol{\alpha}_3=\boldsymbol{\alpha}_2\neq\boldsymbol{0},(\boldsymbol{A}-\lambda\boldsymbol{I})^2\boldsymbol{\alpha}_3=\boldsymbol{0}$,我们不难得到,$\boldsymbol{\alpha}_3$ 为矩阵 $\boldsymbol{A}$ 的属于特征值 1 的 2 次广义特征向量. 又 $\boldsymbol{\alpha}_1$ 是其特征值 -1 所对应的特征向量(可看作 1 次广义特征向量),因此由上面的定理 2,直接得到

$$\boldsymbol{P}^{-1}\boldsymbol{A}\boldsymbol{P}=\begin{bmatrix}-1 & 0 & 0\\ 0 & 1 & 1\\ 0 & 0 & 1\end{bmatrix}\tag{1}$$

另外,关于 Jordan 标准型中各若尔当矩阵的阶数,也可

由下面的定理进行判断：

定理 3　设 λ_0 为 n 阶方阵 $\boldsymbol{A}$ 的特征值，记 $\boldsymbol{B}=\boldsymbol{A}-\lambda_0\boldsymbol{I}$，则对任意正整数 k，$\boldsymbol{A}$ 的若尔当标准形中，主对角元为 λ_0，且阶数为 k 的 Jordan 块数等于

$$\mathrm{rank}(\boldsymbol{B}^{k-1})-2\mathrm{rank}(\boldsymbol{B}^{k})+\mathrm{rank}(\boldsymbol{B}^{k+1})$$

对于此题中 $\boldsymbol{B}=\boldsymbol{A}-\boldsymbol{I}$，由上面式(1)易知

$$\boldsymbol{P}^{-1}\boldsymbol{B}\boldsymbol{P}=\boldsymbol{P}^{-1}\boldsymbol{A}\boldsymbol{P}-\boldsymbol{I}=\begin{bmatrix}-2&0&0\\0&0&1\\0&0&0\end{bmatrix}\Rightarrow\mathrm{rank}(\boldsymbol{B})=2$$

$$\boldsymbol{P}^{-1}\boldsymbol{B}^2\boldsymbol{P}=(\boldsymbol{P}^{-1}\boldsymbol{B}\boldsymbol{P})^2=\begin{bmatrix}4&0&0\\0&0&0\\0&0&0\end{bmatrix}\Rightarrow\mathrm{rank}(\boldsymbol{B}^2)=1$$

$$\boldsymbol{P}^{-1}\boldsymbol{B}^3\boldsymbol{P}=(\boldsymbol{P}^{-1}\boldsymbol{B}\boldsymbol{P})^3=\begin{bmatrix}8&0&0\\0&0&0\\0&0&0\end{bmatrix}\Rightarrow\mathrm{rank}(\boldsymbol{B}^3)=1$$

因此，根据定理 3，矩阵 $\boldsymbol{A}$ 的 Jordan 标准型中，特征值 1 所对应的若尔当矩阵的阶数只能是 2. 另外，由上我们也可以看到：一个不可逆矩阵其秩的大小，并不等于非零特征值的个数（但对实对称矩阵来说，成立），而是等于矩阵的阶数减去零特征值的几何重数（即 Jordan 标准型中以 0 为特征值的 Jordan 块的个数）. 这一点也容易被初学者忽略，在此提醒一下.

矩阵 Jordan 分解定理的一个简单证明

附录 Ⅱ

关于复方阵的 Jordan 标准型的存在性有好几个证明.

在这个附录里,我们给出一个新的简单且短的关于复数域上有限维向量空间中线性算子的 Jordan 分解存在性的证明. 我们的证明基于这样一个算法,该算法可构造出 n 维空间上的线性算子 $\boldsymbol{A}$ 的 Jordan 标准型,如果 $\boldsymbol{A}$ 限制在一个 $n-1$ 维不变子空间上的 Jordan 标准型已知.

设 $\boldsymbol{A}$ 是复数域上有限维向量空间 V 上的一个线性算子. 回想 V 的一个子空间被称作循环的,若它具有形式

$$\operatorname{span}\{\varphi,(\boldsymbol{A}-\lambda)\varphi,\cdots,(\boldsymbol{A}-\lambda)^{m-1}\varphi\}$$

其中 $(\boldsymbol{A}-\lambda)^{m-1}\varphi\neq\mathbf{0}$ 而 $(\boldsymbol{A}-\lambda)^{m}\varphi=\mathbf{0}$. 这样的子空间是 $\boldsymbol{A}$ - 不变的且有维数 m. 这可从如下事实立即得出:如果对某个 $r(r=0,1,\cdots,m-1)$

$$c_r(\boldsymbol{A}-\lambda)^r\varphi+\cdots+c_{m-1}(\boldsymbol{A}-\lambda)^{m-1}\varphi=\boldsymbol{0}\text{ 和 }c_r\neq 0$$

那么在等式两边作用$(\boldsymbol{A}-\lambda)^{m-r-1}$后,我们有

$$c_r(\boldsymbol{A}-\lambda)^{m-1}\varphi=\boldsymbol{0}$$

证明的思路:有关讨论可化为两种情形. 在一种情形下,存在V的一个$n-1$维$\boldsymbol{A}$-不变子空间F之外的一个向量$\boldsymbol{g}$使得$\boldsymbol{Ag}=\boldsymbol{0}$. 此时$V=F\oplus\mathrm{span}\{\boldsymbol{g}\}$,答案可清楚地从归纳假设得到. 困难的情形是这样的$\boldsymbol{g}$不存在. 结果是$\boldsymbol{A}$限制在F上的一个循环子空间被$\boldsymbol{A}$在V上的一个维数增加 1 的循环子空间取代,而另外的循环子空间保持不变.

观察:设$W=H\oplus\mathrm{span}\{\varphi,\boldsymbol{A}\varphi,\cdots,\boldsymbol{A}^{m-1}\varphi\}$,其中$\boldsymbol{A}^{m-1}\varphi\neq\boldsymbol{0},\boldsymbol{A}^m\varphi=\boldsymbol{0}$,$H$是$V$的$\boldsymbol{A}$-不变子空间且$\boldsymbol{A}^mH=\{0\}$. 给定$h\in H$,令$\varphi'=\varphi+h$. 那么

$$W=H\oplus\mathrm{span}\{\varphi',\boldsymbol{A}\varphi',\cdots,\boldsymbol{A}^{m-1}\varphi'\}$$

且$\boldsymbol{A}^{m-1}\varphi'\neq 0,\boldsymbol{A}^m\varphi'=0$. 这个论断可从以下事实立得. 如果$\varphi',\boldsymbol{A}\varphi',\cdots,\boldsymbol{A}^{m-1}\varphi'$的某个线性组合属于$H$,则对$\varphi,\boldsymbol{A}\varphi,\cdots,\boldsymbol{A}^{m-1}\varphi$的同样的线性组合也属于$H$.

分解定理　设$V\neq 0$是复数域上有限维向量空间,$\boldsymbol{A}$是V上的线性算子,那么V可表示为循环子空间的直和.

证明　证明按对$\dim V$的归纳进行. 若$\dim V=1$,分解是平凡的. 假设对所有$n-1$维空间分解均成立,设$\dim V=n$. 首先我们假定$\boldsymbol{A}$是奇异的,$\boldsymbol{A}$的值域$R(\boldsymbol{A})$至多具有维数$n-1$. 令F是V的包含$R(\boldsymbol{A})$的一个$n-1$维子空间. 由于$\boldsymbol{A}F\subset R(\boldsymbol{A})\subset F$,归纳假设保证了$F$是如下一些循环子空间的直和

$$M_j=\mathrm{span}\{\varphi_j,(\boldsymbol{A}-\lambda_j)\varphi_j,\cdots,(\boldsymbol{A}-\lambda_j)^{m_j-1}\varphi_j\}$$
$$(1\leqslant j\leqslant k)$$

下标的选取使得 $\dim M_j \leqslant \dim M_{j+1}, 1 \leqslant j \leqslant k-1$. 定义 $S=\{j \mid \lambda_j=0\}$,取 $g \notin F$,我们断言 $\boldsymbol{A}\boldsymbol{g}$ 具有形式:若 $S \neq \varnothing$,则

$$\boldsymbol{A}\boldsymbol{g}=\sum_{j \in S} \alpha_j \varphi_j+\boldsymbol{A}\boldsymbol{h} \quad (h \in F) \tag{1}$$

若 $S=\varnothing$, 则 $\boldsymbol{A}\boldsymbol{g}=\boldsymbol{A}\boldsymbol{h}$. 为验证(1), 注意到 $\boldsymbol{A}\boldsymbol{g} \in R(\boldsymbol{A}) \subset F$,所以 $\boldsymbol{A}\boldsymbol{g}$ 是形如 $(\boldsymbol{A}-\lambda_j)^q \varphi_j, 0 \leqslant q \leqslant m_j-1, 1 \leqslant j \leqslant k$ 的一些向量的线性组合. 对 $\lambda_j=0$,向量 $\boldsymbol{A}\varphi_j, \cdots, \boldsymbol{A}^{m-1}\varphi_j$ 在 $\boldsymbol{A}(F)$ 中. 若 $\lambda_j \neq 0$, 则由 $(\boldsymbol{A}-\lambda_j)^{m_j}\varphi_j=0$ 和二项展开我们得到 φ_j 具有形式 $\sum_{m=1}^{m_j} b_m \boldsymbol{A}^m \varphi_j$. 这样所有向量 $(\boldsymbol{A}-\lambda_j)^q \varphi_j$ 属于 $\boldsymbol{A}(F)$,所以式(1)成立.

令 $\boldsymbol{g}_1=\boldsymbol{g}-\boldsymbol{h}$,其中 $\boldsymbol{h}$ 由式(1)给出. 由于 $\boldsymbol{g} \notin F$, $\boldsymbol{h} \in F$,有 $\boldsymbol{g}_1 \notin F$,再由式(1)得

$$\boldsymbol{A}\boldsymbol{g}_1=\sum_{j \in S} \alpha_j \varphi_j \tag{2}$$

若 $\boldsymbol{A}\boldsymbol{g}_1=\mathbf{0}$, 则 $\operatorname{span}\{\boldsymbol{g}_1\}$ 是循环的, 且 $V=F \oplus \operatorname{span}\{\boldsymbol{g}_1\}$. 设 $\boldsymbol{A}\boldsymbol{g}_1 \neq \mathbf{0}$. 令 p 是式(2)中最大的整数 j 使得 $\alpha_j \neq 0$,那么对 $\tilde{\boldsymbol{g}}=(1/\alpha_p)\boldsymbol{g}_1$

$$\boldsymbol{A}\tilde{\boldsymbol{g}}=\varphi_p+\sum_{j \in S, j<p} \frac{\alpha_j}{\alpha_p} \varphi_j \tag{3}$$

定义

$$H=\sum_{j \in S, j<p} \oplus M_j$$

子空间 H 是 $\boldsymbol{A}$-不变的,且由 $\dim M_j \leqslant \dim M_p, j<p$,推出 $\boldsymbol{A}^{m_p}(H)=\{0\}$. 这样,以上观察应用于 $H \oplus M_p$ 和式(3),我们有

$$H \oplus M_p=H \oplus \operatorname{span}\{\boldsymbol{A}\tilde{\boldsymbol{g}}, \cdots, \boldsymbol{A}^{m_p}\tilde{\boldsymbol{g}}\}$$

所以

$$F = \sum_{j \neq p} \oplus M_j \oplus \operatorname{span}\{\boldsymbol{A}\widetilde{\boldsymbol{g}}, \cdots, \boldsymbol{A}^{m_p}\widetilde{\boldsymbol{g}}\}$$

由于 $\widetilde{\boldsymbol{g}} \notin F$,因而

$$V = F \oplus \operatorname{span}\{\widetilde{\boldsymbol{g}}\} = \sum_{j \neq p} \oplus M_j \oplus \operatorname{span}\{\widetilde{\boldsymbol{g}}, \boldsymbol{A}\widetilde{\boldsymbol{g}}, \cdots, \boldsymbol{A}^{m_p}\widetilde{\boldsymbol{g}}\}$$

这就在 $\boldsymbol{A}$ 奇异的假设下完成了定理的证明.

对一般情形,令 μ 是 $\boldsymbol{A}$ 的一个特征值,则 $\boldsymbol{A}-\mu$ 是奇异的. 以上结果应用于 $\boldsymbol{A}-\mu$,就证明了 V 是对于 $\boldsymbol{A}$ 的循环子空间的直和.

这个证明显示了如何由 $\boldsymbol{A}$ 在一个 $n-1$ 维不变子空间 F 上的 Jordan 标准型扩展而得 $\boldsymbol{A}$ 在一个包含 F 的 n 维空间 V 上的 Jordan 标准型.

注意该证明同样有效,如果复数纯量改换为一个代数封闭域.

例　令

$$A = \begin{pmatrix} 0 & 1 & 0 & 0 & a \\ 0 & 0 & 0 & 0 & b \\ 0 & 0 & 0 & 1 & c \\ 0 & 0 & 0 & 0 & d \\ 0 & 0 & 0 & 0 & 0 \end{pmatrix}$$

那么

$$\boldsymbol{A}\boldsymbol{e}_2 = \boldsymbol{e}_1, \boldsymbol{A}\boldsymbol{e}_1 = \boldsymbol{0}, \boldsymbol{A}\boldsymbol{e}_4 = \boldsymbol{e}_3, \boldsymbol{A}\boldsymbol{e}_3 = \boldsymbol{0}$$

取

$$F = \operatorname{span}\{\boldsymbol{e}_1, \boldsymbol{e}_2, \boldsymbol{e}_3, \boldsymbol{e}_4\} = \operatorname{span}\{\boldsymbol{e}_2, \boldsymbol{A}\boldsymbol{e}_2\} \oplus \operatorname{span}\{\boldsymbol{e}_4, \boldsymbol{A}\boldsymbol{e}_4\}$$

现在 $\boldsymbol{e}_5 \notin F$,且

$$\boldsymbol{A}\boldsymbol{e}_5 = a\boldsymbol{e}_1 + b\boldsymbol{e}_2 + c\boldsymbol{e}_3 + d\boldsymbol{e}_4 = b\boldsymbol{e}_2 + d\boldsymbol{e}_4 + \boldsymbol{A}(a\boldsymbol{e}_2 + c\boldsymbol{e}_4)$$

若 $d \neq 0$,取 $\widetilde{\boldsymbol{g}} = (\boldsymbol{e}_5 - a\boldsymbol{e}_2 - c\boldsymbol{e}_4)/d$,那么 $\boldsymbol{A}\widetilde{\boldsymbol{g}} = \boldsymbol{e}_4 +$

$(b/d)\boldsymbol{e}_2, \boldsymbol{A}^2\widetilde{\boldsymbol{g}} = \boldsymbol{e}_3 + (b/d)\boldsymbol{e}_1$，并且

$$\mathbb{C}^5 = \mathrm{span}\{\boldsymbol{e}_2, \boldsymbol{A}\boldsymbol{e}_2\} \oplus \mathrm{span}\{\widetilde{\boldsymbol{g}}, \boldsymbol{A}\widetilde{\boldsymbol{g}}, \boldsymbol{A}^2\widetilde{\boldsymbol{g}}\}$$

若 $d = 0$ 且 $b \neq 0$，取 $\widetilde{\boldsymbol{g}} = (\boldsymbol{e}_5 - a\boldsymbol{e}_2 - c\boldsymbol{e}_4)/b$，那么 $\boldsymbol{A}\widetilde{\boldsymbol{g}} = \boldsymbol{e}_2, \boldsymbol{A}\boldsymbol{e}_2 = \boldsymbol{e}_1$，所以

$$\mathbb{C}^5 = \mathrm{span}\{\widetilde{\boldsymbol{g}}, \boldsymbol{A}\widetilde{\boldsymbol{g}}, \boldsymbol{A}^2\widetilde{\boldsymbol{g}}\} \oplus \mathrm{span}\{\boldsymbol{e}_4, \boldsymbol{A}\boldsymbol{e}_4\}$$

最后，若 $d = b = 0$，取 $\widetilde{\boldsymbol{g}} = \boldsymbol{e}_5 - a\boldsymbol{e}_2 - c\boldsymbol{e}_4$，则 $\boldsymbol{A}\widetilde{\boldsymbol{g}} = \boldsymbol{0}$，且

$$\mathbb{C}^5 = \mathrm{span}\{\boldsymbol{e}_2, \boldsymbol{A}\boldsymbol{e}_2\} \oplus \mathrm{span}\{\boldsymbol{e}_4, \boldsymbol{A}\boldsymbol{e}_4\} \oplus \mathrm{span}\{\widetilde{\boldsymbol{g}}\}$$